SOMÈS®

ソメスサドルの挑戦

炭鉱の町から世界へ

Akiko Miura
三浦暁子

河出書房新社

ソメスサドルの挑戦

炭鉱の町から世界へ

目次

はじめに

I 一九六四年

II ソメスサドルの始まり

III　オリエントレザー時代

Ⅳ　たった一人の東京

V ソメスサドルの時代を作る

VI 運命の神は微笑む

写真撮影　村田利之
ブックデザイン　鈴木成一デザイン室

ソメスサドルの挑戦

SOMÈS®

炭鉱の町から世界へ

はじめに

革の手帳

ここに一冊の手帳がある。

茶色い革の表紙に金色のリングが打ち込まれ、少し黄みがかった紙がしっかり綴じこまれている。表紙にはSOMÈS SADDLEという文字が刻印され、SINCE 1964の文字が続く。

日本で唯一の馬具製作会社であるソメスサドルが、五十周年を記念して作ったものだ。

私はこの手帳を使おう、使おうと思いながら果たせずにいた。なんだかもったいなくて、文字を書き込む気になれなかったからだ。それでいながら、手元に置き、その手触りを楽しんできた。

そのためか、表紙は鈍く光り、私仕様になっている。こうなると、ますます使えない。

そのうち、私は表紙の裏革に不思議な模様があることに気づいた。それは擦過傷のようでもあり、筋のようでもある、謎めいた何かの痕跡だった。いったいこれは何だろう？　そう思いながらも、確かめようもなく、謎は謎のままだった。

そして、十年近くの月日が経ち、謎が解明される日が来た。

ソメスサドルの物語を書きたいと思うようになった私は、取材のため、何度か北海道にあるソメスサドルの本社にうかがっていた。そんなある日のこと、職人さんが裁断見本として、一枚の四角い革を私にくださった。その裏に、見慣れたあの謎の文様があったのだ。

「これは何ですか?」と、咳き込むように質問した私に、「血管ですよ」という答えが返ってきた。

血管?

誰の?

何で?

と、私の頭は混乱した。しかし、考えてみると、革は動物の皮膚を加工してできたものなのだから、血管があるのは当たり前といえば、当たり前だ。今は手帳の表紙となっている革も、かつては生きており、大地を駆け回る血が通う生きものだったのだ。

それにしても、と、私は思った。革とは、死してもなお、その存在を訴えかけてくるものなのか。驚きながらも、そのとき、私は長く書き続けたこの物語をそろそろ完成させなければと思った。

十年の歳月を経て

私が手帳を撫でながら暮らしてきたこの十年の間に、ソメスサドルは発展を遂げた。最初にお会いしたとき、会長であった染谷《そめや》純一《じゅんいち》氏は相談役に、社長であった染谷昇《のぼる》氏は会長になられた。

そして、純一氏のご子息である染谷尚弘《なおひろ》氏が社長として、これからの会社を率いていく。ソメスサドルは、二〇二四年に六十周年を迎えるが、若き世代へバトンを渡すことによって、新陳代謝をはかるのを忘れてはいないということだろう。

ところで、使うことができずにいた茶色い手帳だが、とうとう使う日がやって来た。本を仕上げるため、職人さんたちにインタビューをお願いしたとき、うかがった内容をメモするために使ったのだ。

今使わないでいつ使うの？　と、思ったからだ。

ソメスサドルがたどった六十年近い歳月は、私たちが歩んできた道のりと重なっている。これはひとつの会社の物語だが、同時に、日本人が世界に誇るものづくりの歴史でもある。

まずは、会社の創成期にあたる一九六四年から、物語を始めることにしよう。

I

一九六四年

東京オリンピック

一九六四年は、日本にとって特別な年であった。

不安と期待が入り交じった奇妙な興奮が国中を包みこみ、ある意味「異常な年」であった。それもそのはず、アジアで初めてとなるオリンピックが、首都・東京で開催される運びとなっていたからだ。

そのとき、私は七歳で、父の転勤先である宮城県の仙台市で暮らしていた。我が家にはまだテレビがなく、周囲にオリンピック関係者もいなかった。それでも、私はオリンピックがどれほど大変なものか理解していた。友達とも、「もうすぐ東京オリンピックだね」「楽しみだね」と言い合った。三波春夫が歌う「東京五輪音頭」に夢中だったし、東京で次々と大きなホテルが建設されていることも知っていた。

海外から来る人たちに失礼があってはいけないと、東京ではオリンピック開催中はベランダに洗濯物を干さないようにしようと申し合わせているとも聞いた。さすがに、それはおかしいと思い、「じゃあ、外国の人はどうやって洗濯物を乾かしているの?」と母に尋ね、「向こうは進んでるからね、干さなくても乾くようになってるんじゃない」という意味不明の答えを得ていた。

地方に住む小学生の私でさえ、東京オリンピックの成功を本気で願っていた。実際にこの目で観ることはできないとわかっていながら、その日が来るのが楽しみでならなかった。振り返ってみると不思議な話だが、子どもでも愛国心をかき立てられ、張り切らないではいられなくなる、それが一九六四年の東京オリンピックというものだった。

同級生の中に、オリンピックを観るために学校を欠席し、一家総出で仙台から東京へ向かった友達がいた。お父さまが「一生に一度のことだから、思い切って行こう」と、観戦を決めたという。確か、開業医のご家庭だったので、そんな無理もきいたのだろう。今なら、嫉妬の対象となりそうだ。そもそも、オリンピックが学校を欠席する理由として認められるのだろうか？　けれども、私たちはひがんだり、うらやんだりしなかった。もちろん、いじめたりからかったりもしなかった。それどころか、むしろ、かわいそうだと思った。もし、自分だったら、そのような緊張に耐えられないと思ったからだ。それはたとえば、月に向かって飛び立つ宇宙飛行士に対する感情に似ていた。強い憧れの気持ちを持ってはいても、いざおまえが行けと言われたら、「絶対に無理です」と断るに違いない。むしろ、私たちのためにどうぞ行ってきてくださいと、他の人に頼むだろう。

現に、オリンピックに出かけたその友達も、「人がものすごく多くてね、とても疲れた」と言っていた。周囲に気を遣ったのかもしれないが、おそらく本当のことだろう。当時の日本人が抱えていた「何がなんでも、オリンピックを成功させなければならない」という緊張と興奮は、大変なものだった。そんな責務を子どもが感じるのは無理な話だ。

こうした過度な緊張感は、本来は一九四〇年に開催されるはずだったオリンピックをあきらめたことに、その原因を求めることができるのかもしれない。かつて、日本は史上初となるアジアでのオリンピック開催を目指して努力を重ね、あともう少しというところで、自ら開催権を返上している。日中戦争が勃発し、軍部からの強い反対を受けたため、あきらめるしかなかったのだ。その後、日本は敗戦という結果に終わるわけだが、もし、あのとき、なんとかオリンピックを開催できたら、その後はまったく異なる展開が待っていたかもしれない。歴史に「もし」はないとはいうものの、残念に思う気持ちは日本人の心に残っていたはずだ。だからこそ、一九六四年の東京オリンピックは、日本にとって正念場であった。敗戦という結果に打ちのめされながらも、痛手から立ち直ろうと懸命な努力を続けてきた日本人にとって、それは失敗を許されないものであった。

そのとき、私たち日本人は、まさに崖っぷちに立たされていたのだ。

こうして、一九六四年の東京は、日本中の、いや世界中からの熱い視線の中にあった。

日本唯一の馬具製作会社

そんなときである。東京から遠く離れた北海道で、ひとつの会社が生まれたのは……。後にソメスサドルと名を変える馬具製作会社が、必死の思いをこめて立ち上げられたのだ。それは、東京オリンピックとは比べものにならない小さな出来事だったかもしれない。しかし、崖っぷちに立たされているという意味では同じだった。

負けることは許されない戦いが、まさに始まろうとしていたのだから。

それから、五十六年後の二〇二〇年、私たち日本人は再びオリンピックを開催することになった。それも、東京で。一生に一度だったはずの東京オリンピックが再び開催される。そんなことを誰が想像していただろう。さらに、想像を超えた厄災が私たちを襲ったことも想定外だった。未曾有のコロナ禍が世界中に広がり、オリンピックは一年、延期を余儀なくされたのだ。

まったくもって世の中は何が起こるかわからない。一寸先は闇であり、想定できることなどこの世にはないことを思い知らされる。

翌年、再びの中止が検討されたが、日本は開催を決定し、安心・安全をモットーに、二〇二一年、一年遅れで２０２０オリンピックが開催される運びとなった。

一方、一九六四年の東京オリンピックと共に創業した小さな会社は、現在、日本で唯一の馬具製作会社となった。今や、「日本にはソメスサドルの馬具がある」と、世界中の競馬関係者から認められる会社に成長したのだ。

私は十年ほど前、ふとしたきっかけで、ソメスサドルの存在を知り、その物語を書きたいと願うようになった。誰かから原稿を依頼されたわけではない。「書くといいですよ」と勧められたわけでもない。

ただ、一九六四年と二〇二一年に開催された二つのオリンピックの間、ひたすら革と向かいあった職人たちに、どうしようもない尊敬の念を覚え、彼らの通ってきた道のりを残したくなったのだ。

日本人の美徳は、ひたすらに、ただひたすらにひとつのことをすることだ。私はそう思っている。最近では、こうした態度はもはや過去のものだと言われるが、私はそうは思わない。目立たないけれど、この日本にはいまだ脈々と職人文化が受け継がれ、生き続けているのは確かだ。

Ⅱ

ソメスサドルの始まり

歌志内、それはどこ?

ソメスサドルの物語は、北海道の歌志内《うたしない》という小さな炭鉱町で始まる。ソメスサドルを語ろうとしたら、この町を切り離して考えることはできない。

歌志内……。

美しくも、どこか不思議なこの町の名を初めて知ったのは、『海へ―See you―』という映画の中でのことだった。一九八八年に製作された邦画で、世界でもっとも過酷と言われるカー・レース、パリ・ダカールラリーを描いた作品だ。主演は高倉健、そこに元妻役として、いしだあゆみが加わる。二人はサハラ砂漠で再会し、そこに恋人を追いかけ日本を出奔してきた桜田淳子が加わる。三人の思いや関係が微妙に変化していく様子が、過酷なラリーの進行と共に描き出されている。

私はこの映画が好きで何度も観た。

中盤、高倉健演じる本間英次が、桜田淳子演じる竹井夕子と互いの故郷を打ち明け合うシーンがある。それは砂漠の真ん中、アガデスという場所で、夜中のコーヒーをすすりながら、英次が夕子に「どこの出身？」と、唐突に尋ねたことに始まる。砂漠は夜になるとぐんと冷えこむので、二人とも厚着をしており、それが英次に北海道の故郷を思い出させたのかもしれない。

突然の質問に少し戸惑いながら、夕子は「上砂川《かみすながわ》です」と、答える。すると、英次は「驚いたね。隣だよ。俺、ウタシナイ」抑えた演技が多い高倉健が少し声のトーンを上げるほど、それは意外な答えだったのだ。

砂漠の中で北海道の小さな炭鉱町について語り合う。それは、二人にとって、奇跡のような出会いだったろう。

偶然の出会いは、私にも起こっていた。そのとき、私は、夢にも思わなかった。歌志内で始まり、やがて日本全国へ展開していった「ソメスサドル」という会社の物語を書きたいと強く願うようになるとは。そもそも、映画を観たとき、私はウタシナイを漢字でどう書くかさえ知らなかった。それでも、頭の中を「ウタシナイ、ウタシナイ」の声がくり返し響いた。はるか遠い存在のはずなのに、その名は頭にこびりつき、離れなくなった。

歌志内がアイヌ語で「砂のたくさんある沢」（オタ・ウシ・ナイ）を意味すると知ったのは、ソメスサドルを知って、しばらくしてからのことだ。

ソメスサドルとの出会い

映画を観たときは名前も知らなかった歌志内に、私はここ数年、何度か出かけた。ソメスサドルについて、もっと知りたいという思いを抑えることができなかったからだ。

歌志内の名に最初に触れたのは、映画『海へ ―See you―』でだったが、ソメスサドルという会社の存在を知ったのは、夫が競馬ファンになったのがきっかけとなった。

それはもうだいぶ前のことになる。

一九九三年四月十一日に行われた桜花賞という競馬のレースで、夫は生まれて初めてとなる馬券を買い、幸運にも当てた。そして、その日を境に、突如として、競馬ファンになった。当時、夫は不眠症に苦しんでいて、死にたいと呟くことさえあった。なんとかしなくてはと、私は悩みに悩んでいた。ひとり息子の太一はまだ十一歳。多感な時期を迎え、眠れないと悩む父親を不安げに、どうしていいかわからない表情で見つめている。それなのに、母親の私は、ただため息をつくだけで、何をしたらよいのかわからなかった。

しかし、である。

救いの神が現れた。それが競馬だった。

その日、たまたま買った馬券が的中したのをきっかけに、夫は競馬に夢中になった。今では「俺、馬券師になる」と宣言するくらいの打ち込みぶりで、不眠もほぼ完治した。私は競馬の存在に感謝しないではいられない。

夫に付き合って競馬を始めた私だったが、やがてその面白さに魅了されていった。競馬場に行くと、今まで知らなかった人に出会うことができる。さらに想像もしなかった職業や会社があることも知った。それは私にとって、まさに「新世界」というべき驚きとなった。

多くの驚きのひとつに「ソメスサドル」があった。周囲の競馬関係者が頻繁にその名を口にするからだ。ソメスサドルは日本で唯一の馬具製作会社だと、皆が熱をこめて教えてくれた。まず私は「日本で唯一」というところに興味をひかれた。最後まで生き残る会社には、何か特別な力があるはずだ。

それまでの私は、馬具はヨーロッパやアメリカから輸入するものだと思いこんでいた。それが一番、簡単な方法に思えた。ところが、今もなお、この日本で馬具の生産に携わり、販売する会社があるというのか。最初は本当だろうかといぶかしく思ったほどだ。

もちろん、日本のサラブレッドが日本の牧場で生産されていることくらいは知っていた。しかし、馬具の需要については考えたこともなかった。牧場にいる馬たちは、鞍《くら》などつけていない。私から見たら、ヌードの状態のままで、牧場を走り回っている。

馬具は本番のレースや馬術競技など、いわば勝負どころでつけるハレの日のものであり、いちいち作っていては採算が合わない、そう思っていた。しかし、それは私の勝手な思いこみであった。乗馬や競馬の世界では、馬具は馬と同じくらい大切なものであり、馬具なしで、人は馬を操れない。

歌志内で誕生した会社

それにしても、ソメスサドル。

ウタシナイに似て、ちょっと変わった名前だ。

ひょっとしたら、北海道の地名だろうか。

最初はそう思ったのが、その由来を知って驚いた。

ソメス（SOMÉS）は、SOMMET（頂点）とSADDLE（鞍）の二つの言葉を重ねて作った造語だというではないか。

それまでの私は、馬具といえばエルメスくらいの知識しかなかった。しかも、会社の名が造語だという。それだけでびっくり仰天である。

驚きは、すぐに知りたいという欲求に変わった。

やがて、ソメスサドルの作る馬具は品質に定評があり、武豊《たけゆたか》やミルコ・デムーロ、クリストフ・ルメールなど、一流ジョッキーの信頼があついことを知った。

ミルコ・デムーロは自ら北海道にある会社まで出向き、自分の使う鞍について細かく希望を伝え、微調整してくれるようにと依頼している。最初、その話を知ったときは驚いたが、よく考えれば、それも当然だ。ジョッキーにとって、馬具は単なる道具ではない。ほんのちょっとの加減で、レースの勝敗を左右する。さらには命を預ける存在でもある。万一、不具合が生じたら、馬から落ち、大けがをすることもある。

つまり、馬具は騎手にとって、まさに命綱。ジョッキー自らが会社まで足を運び、それがどうやって作られているのかを自分の目で見て、触って確かめ、注文をつけるのは、当然のことだろう。

ソメスサドルの鞍を信頼するのは、ミルコ・デムーロだけではない。二〇〇六年に行われた有馬記念で、武豊が、名馬ディープインパクトの有終の美を飾ったときに使ったのも、ソメスサドルの鞍だ。国内だけではない。海外でも、多くのジョッキーが愛用している。外国人ジョッキーがここぞという大一番の勝負に挑むとき、その身を託すのが、メイド・イン・ジャパンの馬具であることに、私は感動しないではいられない。良い道具に国境はないということだろう。

今や有名になったソメスサドルだが、多くの企業がそうであるように、ソメスサドルがソメスサドルとなるためには、困難な道のりを経なければならなかった。

地味で薄暗いところから、ソメスサドルの挑戦は始まった。それはサハラ砂漠の真ん中で、歌志内と上砂川出身の二人が出会ったこと以上に、希有な物語だと、私は思う。

物語の幕開け

何ごとにも始まりはある。

それが人であれ、物であれ、何か特別な存在であれ、必ず始まりはあるものだ。

この物語の主人公となるソメスサドルが、前回の東京オリンピックが開催された一九六四年に産声《うぶごえ》を上げたことは既に述べた通りだ。ただし、会社が発足したときは「オリエントレザー株式会社」という名称で、馬具を製作し販売するための会社として出発した。やがて、オリエントレザーはソメスサドルと名を変え、新たな出発をすることになるが、それは後の話だ。

ソメスサドルは、二〇二二年現在、相談役をつとめる染谷純一と会長の染谷昇が、創業家から引き継ぎ、成長させてきた会社だ。二人の兄弟は今もなお現役で働いているのだから、その始まりは明確だ。誰もがそう思うだろう。

けれども、物事の始まりはそう簡単ではない。

ソメスサドルを知るためには、その前身となったオリエントレザーが生まれた町である歌志内を理解しなければならない。ソメスサドルは歌志内が生んだ会社と言っていいからだ。

歌志内がすべての源

歌志内は日本で一番人口が少ない市である。

二〇二二年七月現在、歌志内市の人口は二千八百四十一人。うち六十五歳以上が約五十四%を占める。高齢化も進んでおり、過疎の町と言わざるをえない。実際に町を歩いていると、それを実感する。シャッターが閉まっている店が多く、通りを歩く人も少ない。かつて鉄道ファンが夢中になって通った歌志内線も、一九八八年をもって廃線となった。

ソメスサドルは、一九九五年、工場とショールームを砂川《すながわ》市に新しく建設し、現在はそこで製造と販売を行っている。けれども、創業の地である歌志内の旧社屋を今も大切にしていることに変わりはない。そこには、ソメスサドルの原点というべきかつての本社が、しぶい輝きを放ちながら今も静かにたたずんでいる。

歌志内の社屋は、決して過去の遺産ではない。単に思い出を詰め込んだ場所でもない。そこは今もなお立派な現役として稼働している。特別な革の加工を行うときなどは、砂川から歌志内まで職人がわざわざ出向いている。円筒形のガラスを用いて革を研磨する機械があるからだ。この機械でなければ出せない味がある。

この建物に一歩入ると、馬具製作に励む職人たちの魂が宿っているように感じる。それはものづくりをする人たちを助けてくれる、精霊に似た何かだ。

黒いダイヤの生まれるところ

現在では、日本で一番小さな市である歌志内だが、かつては多くの人々が住み、働き、子どもを育てる賑やかな場所だった。一九四八年（昭和二十三年）の歌志内の人口は四万六千百七十一人、つまり現在の十六倍を超える数の人々が、歌志内で暮らしていたことになる。

その理由は他でもない、石炭の存在だ。

かつて、歌志内は炭鉱町として繁栄を極めていた。夕張《ゆうばり》や釧路《くしろ》に並ぶ産炭地として、日本中に広くその名を轟かせていたのだ。歌志内の石炭の歴史は古く、遡ること百六十六年前、一八五七年（安政四年）に松浦武四郎《まつうらたけしろう》なる人物が、空知川《そらちがわ》の沿岸で石炭の露頭を発見したことに始まる。

石炭とは、ひとことで言えば「植物の遺体」だ。数億年前の植物が、腐敗し分解する前に地中に埋もれ、地熱や地圧によって変質し、炭化して石炭となる。植物の遺体が黒いダイヤと呼ばれる石炭となるまでには、気の遠くなるような時間を必要とする。

自然の産物である石炭は、私たちの世界を革命的に変えた。エネルギー問題は、私たちにとって重要課題である。

明治政府も日本の国力を高めるため、エネルギー供給に必要な石炭を渇望していた。そこで、まだ手つかずの状態にあった北海道に目をつけ、開拓使を置き、開発を本格化していった。エネルギーを制する者が、世界を制するのは、今も昔も変わらない。

北海道開拓次官として赴任した黒田《くろだ》清隆《きよたか》は、自らアメリカに渡り、開拓顧問としてホーレス・ケプロン将軍を始め、多くの外国人技術者に意見を聞き、日本に招聘することを決めた。北海道の発展のために役に立つ外国人を探し当てたのだ。

その結果、多くの外国人技術者が来日したが、その中に地質学者であるベンジャミン・スミス・ライマンがいたことが進歩を早める結果となった。彼は北海道内をくまなく調査し、『日本蝦夷地質要略之図』や『北海道地質総論』など優れた報告書を著し、北海道開発の有力な手引き書となった。おかげで、空知や夕張の大炭鉱が相次いで発見され、歌志内発展の最初の取りかかりを作る結果となった。

石炭の需要は爆発的に伸び続け、それに応えて、産炭地の開業が相次いだ。

そのひとつである歌志内も、順調な発展を遂げていった。

石炭を採掘するにあたっては、大規模な資本の投下が必要である。安全面での配慮も欠かせない。

早速、三井や住友などの大会社が、経営に乗り出した。

歌志内の場合、一八八九年（明治二十二年）に北海道《ほっかいどう》炭礦《たんこう》汽《き》船《せん》株式会社（略して北炭）が政府から経営を引き継ぎ、その長い歴史が始まった。

石炭産業は紆余曲折しながら、今に至ったものである。

太古の昔から地下深くに眠っていた石炭は、人間がそれを掘り出し、エネルギーとして活用し始めると、劇的に地上の生活を変えた。単なる植物の遺体だったはずの石炭は、高値で取引される黒いダイヤとしてもてはやされるようになった。そして、次第に金のにおいを撒き散らし、独特の輝きを放ち始める。その利益が見逃されるはずもなく、多くの人々がどこからともなく集まり始めた。そして、あっという間に、歌志内は働く人々のエネルギーに満ちあふれた町となったのである。

Ⅲ

オリエント
レザー時代

歌志内の小学生

一九五一年（昭和二十六年）、歌志内で、一人の男の子が生まれた。

ソメスサドルの現在の会長・染谷昇だ。

染谷昇は四人きょうだいの末っ子として誕生し、家族から可愛がられて育った。幼い頃は喘息の発作に苦しんだりもしたが、母親の愛情ある看護を受け、大事に育てられた。そのためだろうか、周囲を「良い人たちばかり」として受け入れ、素直な明るさを備えた男の子として成長した。

家の周囲が豊かな自然に囲まれていたことも、彼をよりのびのびとした性格にした。朝から夕方まで、友達と一緒におもてを駆け回っていて、「あら、また、あんなとこまで行ってたの？」と、母にあきれられることもしょっちゅうだった。

歌志内は僕の庭だ。

歌志内にいれば、安心していられる。

歌志内には、自分に必要なすべてが揃っている。

昇はそう信じて疑わなかった。

町をすみずみまで知り尽くしていたし、どこもかしこも面白さに満ちていることもわかっていた。彼にとって、この世のパラダイス、それが故郷・歌志内であった。きょうだいの皆がそうであったように、昇も歌志内の小学校に通った。学校も楽しくて仕方がなかった。

当時の歌志内は、町全体から湯気があがっているような、エネルギーあふれる場所だった。様々な人が町中に集い、忙しそうに動き回っていた。地元で生まれた人はもちろんのこと、満州やロシアから引き揚げてきた人も多かった。彼らの中には、戦争中は、外国で優雅な暮らしをしていたものの、突如、帰国を余儀なくされ、苦労して蓄えた財産や家屋をうち捨てて、命からがら日本へ戻ってきた人もいた。それぞれがそれぞれの事情を抱えていたのである。

町はそんな彼らを両手を広げて受け入れた。労働の担い手として、一人でも多くの人手が必要だった。かたや、新しい生活を求めて一旗あげようともくろむ人々にとっても、北海道は願ってもない移住地であった。お目当ては、豊富に産出する石炭である。石炭を目指して、人が続々と集まってきた。その様子は、かつて一八四八年から一八五五年にかけて起きたアメリカのゴールドラッシュに似ていた。アメリカでは、人々は金を求めて西へ西へと移動したが、日本で石炭を目指す人々は北へと向かった。

戦争によって辛酸をなめた人も、過去は過去として葬り去り、未来に向かって、一旗あげようと必死だった。昨日よりも今日、今日よりも明日はきっと良い日に違いない、いや、良い日にしなくてはならないという思いが、人々を支えていた。

人口が急増するに従い、歌志内は活気づいていった。昔から七月末に行われていた真王寺の成田山祭りも、北海道の三大祭りと言われるほどの賑わいを見せるようになっていた。駅前から門前まで人がいっぱいで、歩くのもままならないほどだった。祭りに参加するため炭鉱を休む人が続出し、会社が操業停止の状態となったこともある。もちろん、歌志内の外からもたくさんの見物人がやって来て、お祭りのために臨時バスまで出る騒ぎとなった。

そんな独特の雰囲気に包まれた歌志内で、染谷昇は成長していった。

小学校の友達もバラエティに富んでいた。

炭鉱で働く父を持つ子もいれば、商店を経営する家の子もいた。歌志内で生まれた子もいれば、他の土地から親に連れられてきた子もいた。それは「歌志内キングダム」と呼びたくなるような独特の世界を形作っていた。

ただ、人の出入りが激しい町であるのは確かだった。転校する生徒も多く、仲良しになったと喜んでいると、父親の転勤のため、あっという間に他の土地へ去っていく、そんなことのくり返しだ。涙の別れは日常茶飯事だったが、それでも、また新しい友達がやって来て、仲良くなり、そしてまた去っていった。勢いよく流れる川のように、人々は立ち止まることなく、ただ先へ先へと進んでいく。大人の事情は、そのまま子どもたちの世界にまで及んだ。

昇はといえば、歌志内を動くことなく暮らしていた。父の政志《まさし》も、歌志内で生まれ、歌志内で育っただけに故郷への愛は深く、ここで骨を埋める覚悟を持って生きていた。だから、昇たちきょうだいにはよその土地に転出する心配はなかった。ただ去っていく友達を見送り、やって来る友達を受け入れる、それが昇の毎日だった。友との別れは寂しいけれど、それはそれでいいと思うしかない。どの家庭にもそれぞれの事情がある。

ビバリーヒルズを探検する

「歌志内のことなら、なんでも知ってるぞ」幼いながらも、昇は自負していた。

ところが、ある日、友達の茂《しげる》くんが「なぁ、昇ちゃん、迎賓館を見に行かないかい？」と、誘ってきた。

「迎賓館？　何、それ？」と尋ねる昇に、茂くんは「知らないのか？　ついておいでよ。驚くから」と、答えも聞かずに走り出した。

茂くんとは良い遊び友達だった。学校の終業ベルを聞くと、一目散に校門から駆け出す毎日を送っていた。ランドセルを置くため、一旦は家に帰るものの、あとは暗くなるまで山や川で遊び回っていた。その日も、一緒に山で遊ぼうと思っていたのだが、そこは好奇心の強い小学生、迎賓館という耳慣れぬ言葉に反応し、ついていくことにした。

少年たちは、一旦走り出したら、止まらない。猛スピードで走って行く茂くんを追いかけていくと、洒落た洋館風の建物が目の前にそびえていた。空知《そらち》炭鉱倶楽部という建物だ。そこでは数多くのお客様を接待していると、前に母から聞いたことがあった。「ここがそうか」と、改めて感心していると、茂君は、「もっといいとこ知ってるよ」と屈託なく言い、瀟洒な家の前に連れていってくれた。歌志内のことはなんでも知っているつもりだったが、見知らぬ家だった。

「ここ、どこ?」と小声で尋ねると、茂くんは得意そうに教えてくれた。「北炭さんの社宅だよ。僕のクラスに転校してきた子が、住んでるんだ。知らないのか?」と、笑いながら答える。

当時、歌志内の炭鉱は北海道炭礦汽船株式会社によって運営されていた。それくらいはもちろん昇も知っていた。急に大きくなった町の福利厚生のため、従業員たちがくつろぐための保養所や病院が建設されたことも聞かされていた。

しかし、会社につとめるエリート社員のために、特別な社宅が作られていることはよく知らなかった。家族を連れて、東京から北海道へやって来る社員たちのために、色々な配慮をする必要があったのだろう。慣れない土地で働く彼らの住環境を整え、より生産性を上げたかったのかもしれない。

改めてあたりを見回してみると、いつも遊んでいる自宅の周辺とは少し雰囲気が違う。茂くんも「ここらへんは歌志内のビバリーヒルズと呼ばれているんだよ」と教えてくれた。「ビバリーヒルズね、なるほどね」と感慨深そうに応じたが、よくわからなかった。

それからしばらくしたある日のこと。

昇たちはビバリーヒルズにある家に遊びに行くことになった。転校してきた女の子が招いてくれたのだ。茂くんは女の子に人気があるらしい。ちょっと恥ずかしい気もしたが、どんなところか見てみたい。それに、いつも一緒に遊んでいる友達の誘いだ。行かないわけにはいかない、これは友人としての義務だ、などと、昇は自分に言い聞かせた。

「お邪魔します」と、神妙に頭を下げ、一歩、家の中に入って驚いた。

暑いのである。暖かいを通り越して、暑い。それなのに、どこを見回しても、見慣れただるまストーブがない。

昇は石炭をくべるにつれ、腹が赤くなっていくだるまストーブを見ているのが好きだった。石炭が燃えるときの独特のにおいにも親しんでいた。けれども、この家は、いつも嗅いでいる石炭の香りがない。

「何？　どうなってんの？」と、友達の顔に無言で問いかけると、彼は「スチームだよ。スチームが入っているから、石炭ストーブはないんだ」と、説明してくれる。

それはそうだな。ビバリーヒルズだものなと納得しながらも、「スチームが入った家って何だ？」と思う自分が笑えた。それは今でいうところのセントラルヒーティングのようなもので、燃料はもちろん石炭だ。家から離れたところで暖めた温風をパイプを通して屋内に流すシステムになっているという。

その家のお母さんは初対面にもかかわらず、「娘をよろしくお願いします」と、丁寧に頭を下げ、優しく話しかけてくれた。それに応えて何か気の利いたことを言おうと思いながらも、初めて見るものばかりで、圧倒されっぱなしだった。

まず、お母さんがゆらゆら揺れる椅子に座っているのに驚いた。

畳の部屋に慣れた昇には、椅子だけでも珍しい。ましてや、なぜ椅子が揺れるのか謎だった。もしかしたら、モーターがついているのだろうか。

じいっと見つめていると、それはロッキングチェアというもので、ゆらゆら揺れるように作られていると教えてもらった。もっとも、椅子を動かすエネルギーは石炭ではなく、人の力で、自分の体で揺らすのだ。座らせてもらうと、椅子というより、乗り物のようだった。

以来、昇はビバリーヒルズに時々、遊びに行くようになった。初めてのものを見ては、驚きながら、新しい知識を瞬く間に吸収していった。そこは小さな東京が引っ越してきたかのようで、面白くてたまらない場所となった。

サンドイッチなる食べ物を初めて食べたのも、この家でのことだ。マヨネーズという調味料があることも初めて知った。

木でできた不思議なものがあるので「なんだ？　これ？」と思った。ゴルフのパターを練習するもので、大工さんに頼んであつらえてもらったものだという。いわば特別注文だ。

なるほどと納得したはいいが、そもそもゴルフもパターもよくわからないのだから、はてなマークは増えるばかりだ。

隣にいる茂くんに小声で「ゴルフってなに？」と、聞いてみると、「ゴルフ？　ゴルフのことに決まってるさ。パターするもんじゃない？」という返事。彼もよくわかっていないようだ。

それでも、その家の女の子は、昇たちを馬鹿にしたりもせず、「ほらね、こうやって打つのよ。やってみて」と、誘ってくれる。勇気がなくてトライできなかったけれど、「いや、世の中にはいろんなもんがあるんだな」と、驚いた。

ビバリーヒルズに新しいものを偵察に行くのが、二人の日課となった。山や川も面白いけれど、ビバリーヒルズは新世界だ。今まで知らなかったもので満ちている。

毛がついた球のようなものが転がっていたこともあった。また、思った。「なんだこれ？」と。家に帰り、「毛のついた、球を見たよ」と母に報告すると、「あぁ、テニスコートができたらしいから、そこから飛び出しちゃったボールかもしれないわね」と教えてくれた。

「今度はテニスか。ゴルフじゃなく」

昇は一人呟いた。

初めてのものに触れる度に、新しい力をもらえるような気がした。ビバリーヒルズは昇にとって、未知のものを教えてくれる見本市のような場所であった。

炭鉱町の宿命

歌志内のビバリーヒルズはごく一部の人たちが暮らす場所だった。多くの住民は炭鉱住宅で暮らしていた。長屋形式になっており、横並びの形からハーモニカ長屋と呼ばれたりしていた。水道は一軒一軒、別になっていたが、屋外に設置されていたため、当然かなり冷える。そこで野菜を洗ったり、洗濯をしたりしなければならないのだから、主婦は大変だ。

奥さんたちは互いを「ねぇさん」と呼び合っていた。老いも若きも関係なく「ねぇさん」なのだ。

「ねぇさん」のご主人たちは炭鉱労働者として働く人が多かった。危険できつい仕事だが、彼らはたくましく、独特の明るさを兼ね備えていた。明日はどうなるかわからないという思いが、皆に「とりあえず、今日を楽しく生きようじゃないか」という思いを生むのだろうか。それとも、腕いっぽんで家族を支えている自信が男たちを輝かせるのか。

家には鍵がかけられていなかった。長屋全体がひとつの共同体であり、住人はお互いをよく知っていた。他人の家に家族のように出入りしていたからだ。

けれども、良いことばかりではない。そこは炭鉱町である。胸がつぶれそうなことも起きた。きつい労働に身を捧げる人たちである。炭鉱労働者がよくかかる塵肺《じんぱい》の症状に苦しむ人もいた。石炭の粉が肺に入ってしまうのだ。昇も幼い頃、喘息に苦しみ、発作を起こす度に母に連れられ、病院に駆け込まなければならなかった。

石炭で生きている人々は、石炭によって健康を害してもいたのである。

それ以上に、つらいことも起きた。

事故である。良質の石炭はそれだけガスを生み出しやすく、爆発につながる。

救急車のサイレンが鳴ると、子どもたちは縮み上がった。落盤やガス噴出などの事故が起き、けが人が出ているとわかったからだ。昇の場合、自宅のすぐ近くに炭鉱病院があったので、よけい神経質になった。サイレンの音が、段々大きくなりながら何台も近づいてくると、胸が苦しくなり、耳を覆いたくなった。それは大きな事故が起きたことを示すサインだったからだ。

あるとき、授業中に遠くからサイレンが鳴り響き始めた。周囲はざわざわし始め、先生たちの動きもにわかに慌ただしくなった。子どもたちはすぐに家に帰るように言われた。こんな日は皆で連れ立って下校する。

不安な思いを抱えて家に戻ると、いつも昇を可愛がってくれた近所のおじさんが事故で亡くなったと知らされた。その日の朝、学校へ行くのを見送ってくれたばかりだというのに、ガス事故に巻き込まれたという。

昇の脳裏に朝の会話が蘇ってくる。

「おじちゃん。行ってきます」

「あ、昇ちゃん、今日もしばれるな。気をつけていっといで」

「うん。ありがとう」

優しい言葉をかけてくれたあの人はもういないのか。「気をつけてな」と、もう二度と言ってはもらえないのか。

涙がこぼれた。

悔しくてたまらなかった。けれども、あきらめるしかない。

人間の生活はいつ何が起きるかわからない。ましてや、ここは炭鉱町だ。何が起ころうとも、人は石炭を掘ることによって食べていかなくてはならない。それが生きていくということだ。幼い子どもでも、それはわかっていた。

翌日、学校に行くと、何人かの生徒が来ていなかった。家族や親戚がけがをしたり、亡くなったりしたためだろう。けれども、皆何も言わずに、静かに授業を受けていた。騒いでも仕方がないと、身にしみて知っているからだ。こうした悲しみをくり返しながら、この町の子どもたちは大人になっていった。

不安を感じた日

事故を知らせるサイレンにおびえる日もあったが、昇にとって、歌志内での毎日はおおむね楽しく、喜びに満ちたものだった。

しかし、現実には、歌志内は厳しい時期にさしかかっていた。日本政府が石炭から石油へと、エネルギー政策の転換を考え始めたからだ。

一九五〇年代後半から、石炭の需要は急落し、炭鉱は次々と閉山に追い込まれていった。炭鉱関係者たちは、この先いつまで働いていられるのだろうと不安を感じながらの暮らしを強いられるようになった。加えて、かねてより論じられていた環境問題も指摘されるようになり、石炭産業はさらに苦しい立場に立たされていった。

何よりも、石炭の埋蔵量が限られており、永遠に掘り続けることはできないことが問題だ。ひたすらに前進を続けるというかつての日々は、もはや望むべくもない。

必死で働いてきた人々の周囲に暗い影がしのびよるようになっていた。炭鉱の生活に見切りをつけ、町を去る人も出始めた。会社がつぶれるのを待っているより、退職金を少しでも多く受け取り、違う町で新しい生活を始める方がいいと考えるのも、もっともなことであった。それはそれでひとつの選択だ。皆、生活がかかっている。誰もそれを止めることはできない。

次第に、歌志内全体は不穏な空気に包まれていった。

そんなある日のこと。

いつものように、楽しく遊んで帰ってきた昇だったが、玄関の扉を開けるや、びっくり仰天した。

三和土《たたき》いっぱいに、靴が並んで揃えられている。それもいつも遊びにくる友達の長靴や近所の人の靴ではない。一目で、遠くから来たお客さんのものだとわかる、ピカピカの革靴ばかりだ。とがったつま先をこちらに向け、まるで自分を威嚇しているようだ。

何か起きたのだろうか。

自分の家なのに、抜き足差し足で忍び込むように入り、部屋の襖からそっと中を覗いてみた。たくさんの人が深刻な顔で何かを相談している。知っているおじさんも何人かはいたが、大半が知らない顔だ。

何を話しているかはわからなかった。しかし、大変なことが起きていることはわかった。いつもはにこやかな父が、顔面蒼白で、腕を組んだまま、動かない。

ここ歌志内で何かが起きている。

それも、止められない何かが……。

昇の胸騒ぎはさらにひどくなった。

ビバリーヒルズのその後

子どもの勘はあなどれない。昇の感じた胸騒ぎは間違ってはいなかった。その頃の歌志内は、かなり深刻な状況に立たされていたからだ。

一九六三年、神威《かもい》炭鉱が閉山されることになった。空知炭鉱に続いて開鉱されてから着々と採掘を続けてきたというのに、会社の方針にはあらがえない。炭鉱の閉鎖によって職を失った人々は、町を出て、他の土地で生活を始めるしかなかった。人口はみるみる減り、町は日に日に閑散としていった。

当然のことながら、歌志内は財政危機に直面する。元々、炭鉱町として発展した場所である。基幹となる産業がなくなれば、さびれていくしかない。「炭鉱城下町」とか「北海道のビバリーヒルズ」などと呼ばれていた華やかさは、あっという間にしぼんでいった。本当にそんな華やかなときがあったのかと思うほど、急速な衰え方だった。

しかし、そこは粘り強い人たちが集まる町である。このままではいけない、歌志内をなんとかしなくてはならないと、人々が立ち上がり始めた。

とはいえ、石炭産業を再興するのは不可能だ。だったら、他の産業を誘致することによって、地域を活性化しなければならない。そのためにすべきこと。それは、何か新しい試みを取り入れることだ。

これは歌志内に限ったことではない。福島県の常磐《じょうばん》炭鉱では、一九五五年頃から炭鉱で働く人の整理解雇が始まっていた。失業の憂き目にあった炭鉱労働者やその家族を再就職させるにはどうしたらいいのだろう。皆で知恵を絞った末、できたのが常磐ハワイアンセンターだ。この話は後に『フラガール』という映画にもなったが、炭鉱閉鎖後をどうするかについて、日本中のあちらこちらで、それぞれ真剣な議論が交わされていた。

歌志内でも、様々なアイディアが出された。候補のひとつに、馬具を製作してみてはどうかという提案があった。北海道には、開拓で必要とされていた農耕馬がいて、その馬具を作る技術を持った職人がいた。炭鉱でも馬は石炭を運び出すための動力として使われていた。けれども、機械化と共に、馬たちは次第に姿を消していき、それと共に、馬具を作る職人たちも、減少の一途をたどっていた。馬具職人たちは働き場所を求めて移動し、北海道内にちりぢりばらばらになっていた。

そこで、馬具職人の一人ひとりに声をかけ、歌志内に集まってもらってはどうかという意見が出された。炭鉱を離職した人々に馬具づくりを指導してもらい、産業として成り立たせよう、そして、ゆくゆくは馬具づくりで世界を相手に勝負しようと、夢は膨らんでいく。

最初のうちは、そんなことが果たして可能なのかと疑いを持つ人が多かった。しかし、やがて皆の熱意が、あきらめを希望に変えていった。一旦軌道にのると、話は具体化していき、販売先を海外に限れば商売になるという結論に達した。輸出に目標を絞り、海外向けのレジャー用馬具を販売することによって、利益を生めばいい、と。

地域を活性化させるためには、一刻も早く何か行動を起こさなくてはならない。そこで、札幌の馬具会社が中心となり、北海道の経済界の助けも得て、地元、歌志内の人々が集まって熱心に意見を戦わせるようになった。商社も関心を示し、今でいうところの「ふるさと創生」的な行動となって広がっていった。商売を始めるというより、疲弊しかけた町を救い、再生させたいという熱意が盛り上がったと言った方がいいかもしれない。

そんな大人たちの頑張りを頼もしく思いながら、昇は成長していった。

オリエントレザー誕生

壮大な志を持ったプロジェクトは、「オリエントレザー株式会社」として結実した。現在のソメスサドルの前身となる会社だ。歌志内を思う人々が、考えに考えた末にできた努力の結晶ともいえる。

時は一九六四年。東京オリンピックが華々しく開催された、まさにその年にあたる。東京が世界中の関心を集めているとき、北海道の歌志内では、地域の人々の生き残りをかけた戦いが始まっていたのである。

当時、市議会の議長をつとめており、歌志内をなんとか活性化したいと望んでいた染谷政志も、その輪に加わり、力を尽くすようになった。それが後のソメスサドルを生むきっかけとなった。

政志は、現在、ソメスサドルの相談役をつとめる染谷純一と会長・昇の父である。商売には縁のない人だったが、歌志内を思う心は本物だった。

染谷政志だけではない。皆が必死だった。後退は許されない挑戦だとわかっていたからだ。

その思いが通じたのだろう。滑り出しは好調であった。

多くの人の知恵を集めたことが功を奏し、オリエントレザーは、アメリカ、カナダ、中南米などの国々で確実に売上を伸ばしていった。

参画していた商社が、アメリカから革のもととなる原皮を輸入し、それを大阪でなめす役目を果たしたことも、会社の発展に大きく寄与した。西陣織の産業のように、それぞれがそれぞれの役目を細かく決め、責任をもって決められた仕事を果たす。それがオリエントレザーの特長であった。

ただし、その分、構えが大きく、小回りがきかない会社であったかもしれない。多くの人が集まりすぎてはいないかと不安に思う人もいた。そして、その不安はやがて現実のものとなる。

皮をなめす

オリエントレザーにとって、原材料となる皮は、重要な意味を持っていた。料理で言えば素材にあたるのだから、それも当然だ。板前がどんなに素晴らしい腕を持っていても、材料の魚や野菜が新鮮でなかったら、美味しい料理は出来上がらない。同じように、材料となる皮が製品の出来をほぼ決めてしまう。

以前、革の専門家の方に「皮をなめすってどういうことですか？」と、うかがったことがある。すると、その紳士は、そばにあったみかんを取り上げるや、皮をむき、「もし、この皮をこのままにしておいたらどうなるかわかるかな？」と、質問した。緊張しながら、「ひからびます」と答えると、「そう、ひからびるというか、腐るでしょう？　残っていた果肉が腐ったり、カビが生えたりするでしょう。そこで、薬に浸けたり、タンニンといって、植物から作った液にひたすわけだよ。皮の裏についている白いところを取ったりする必要もある。すると、たとえ長い時間を経ても、皮は腐らないものに変化していく」とのことだった。

つまり、皮は革に変身させてこそ、人間が使うことができる素材になるというわけだ。皮はそのままにしておいたら、ただ腐っていくだけだ。いくつかの行程を経て、ようやく革になっていく、というか、革にしていくのである。

オリエントレザーの場合は、商社が皮を塩漬けの状態でアメリカから輸入する仕事を担っていた。いわゆる原皮の状態で輸入し、それを日本でなめして革に変える。その後、裁断し、縫い合わせ、複雑な工程を経て、製品となる。完成した製品は輸出され、利益を生むという仕組みである。

当然、かなり多くの段階を経て製作する必要があるため、なかなかに複雑な会社運営となるかもしれない。しかし、それは最初から覚悟の上での出発であった。

好調の秘密は一ドル三百六十円

多くの人が希望をこめて開業したオリエントレザーは、好調なスタートを切った。地元の人々を中心に、大手商社、札幌の経済人の力を結集して運営を行う斬新な取り組みが、時代の流れに合っていたのだろう。

多くの人が集まりながらも、それぞれに分業的な働きをしたのも良かったのかもしれない。北海道内から馬具職人が集められた。大手商社は、素材となる良質の皮を手配し、製作に必要な資材を揃えることに力を注いだ。おかげで、職人たちは自分の技術を発揮することに集中できる。

それぞれがそれぞれの持ち場で力を発揮し、出来上がった馬具を海外に輸出して利益を得る。

そこに目標を絞ったことが、好調さにつながったのであろう。

何よりも、オリエントレザーが創業した一九六四年当時、一ドル三百六十円という固定為替相場制の時代であったことが、会社の利益を生む一番大きな理由となった。

遡ること十五年前の一九四九年、戦後のインフレを抑えようと、ＧＨＱは一ドルを三百六十円に固定する政策をとった。以降、固定為替レートは二十二年もの間、続いた。

当時、一ドル三百六十円という固定為替レートは、日本の輸出産業にとって、大変有利な条件となった。安い人件費で海外に商品を高く提供することができるからだ。オリエントレザーも、そのシステムの恩恵を受けた。製品の仕上がりも丁寧だと信頼されるようになっており、輸出の伸びは好調だった。このまま会社は発展していくだろう、関係者一同、そう思うようになっていた。

ただし、日本国内での馬具の消費が極めて限られていることに、一抹の不安はあった。日本では、乗馬は限られた人にしか許されない優雅な楽しみだったからだ。けれども、オリエントレザーのマーケットは海外にあり、そうした問題は生じないはずだ。

産炭地の希望をこめて皆で歌志内に灯した小さな光が、ようやく輝き始めていた。関係者たちは危険な賭けに出た甲斐があったと、胸をなで下ろし、さらなる躍進を目指して必死に働いた。その思いに応えるかのように、注文が増え始めた。事業規模も拡大され、工場が足りなくなるほどだった。仕方がないので、生徒が減り廃校となっていた歌志内の小学校を急遽、工場に変えて使ったりもした。この先もし、さらに事業が拡大し、人々が町に戻ってくるようになったら、子どもの数が増え、今は工場として使っている小学校を再び、本来の目的で使う日も来るかもしれない。

そんな未来へのビジョンが胸に浮かび、町は希望を取り戻しつつあった。

ところが……。

世の中、そう甘くはない。

ニクソン・ショック

順調に営業を続けていたオリエントトレザーだったが、灯りかけていた夢を破壊するような事件が起きた。

一九七一年に起きたニクソン・ショックだ。

その年の八月、ニクソン大統領が、ドルを防衛するため、米ドルと金との交換停止を含む政策を発表した。アメリカ経済は、ベトナム戦争での莫大な出費や、長期間にわたる貿易赤字がふくらんでドルの価値が急落し、それまでの一ドル三百六十円という固定為替レートを維持できなくなっていたのだ。

突然の発表であり、世界中が驚愕したのは、言うまでもない。

戦後、二十年以上にわたって続いてきた国際通貨制度に起こったあまりにも急激な変化……。

人々は驚き、戸惑い、傷つき、どうしてよいかわからなくなった。

昨日よりも今日、今日よりも明日を良い日にしようと念じながら生きてきたというのに、いきなり投げ出されたような感覚を皆が味わった。いったいこの先、どうやって食べていけばいいのだろう。

日本政府は、円の上昇を防ぐ必要に迫られ、ドルを必死で買い支えようとした。しかし、結局、政府の介入は停止され、日本全体がパニック状態に陥った。

もちろん、深刻な状況は日本に限ったことではなかった。アメリカの発表を受け、ヨーロッパの主要な為替市場は一週間もの閉鎖を余儀なくされた。衝撃の大きさが伝わってくる。

地味ながら着々と商売を続けていたオリエントレザーにも、ニクソン・ショックは大きな影響を及ぼした。それでも、最初のうちは、まだ一ドル三百円前後の為替レートが維持されていたため、ある程度は、順調なまま推移した。輸出に貢献している会社として認められ、通商産業省（現在の経済産業省）から賞を贈られたりしている。

ところが、である。

一九七三年、固定相場制であった為替レートが変動相場制に移行すると、状況は一気に悪化した。日本の輸出産業が、こうした状況下で生き抜いていくためには、それまでのやり方では難しい。大きな方向転換を迫られるが、それではいったい何をどうすべきか。

苦悩は続いたが、革製品ならなんでも作りますといった態度でのぞむしかなかった。幸いその方法は功を奏したようで、オリエントレザーはなんとか生き残ることができた。その渦中にいるときは必死で気づかずにいたが、いくつかの同業他社が姿を消していた。そして、自分たちは日本で唯一の馬具製作会社になったことに気づいたのである。

ニクソン・ショックをどうにか乗り切ったオリエントレザーではあったが、安息の日は、ほんのわずかの間だった。二回目の経済的危機が襲いかかり、再び、不安に満ちた日々に逆戻りせざるをえなかったからだ。

オイル・ショック

一九七三年十月、第四次中東戦争が勃発した。これを受け、石油輸出国機構（ＯＰＥＣ）は、石油価格を一気に七十パーセント近く引き上げた。その後も困難な状況は続き、翌年には、アラブ石油輸出国機構（ＯＡＰＥＣ）諸国が、原油生産を段階的に削減し、原油価格はさらに上昇していく。一九七四年には、原油価格は一バレル当たり五・一二ドルから十一・六五ドルへと引き上げられた。

日本は再びのパニックに陥った。社会全体が不安に包まれ、日常生活にも大きな影響を及ぼした。スーパーマーケットの店頭から、トイレットペーパーなど生活必需品が姿を消していった。人々がこぞって買い占めしたからだ。私はそのとき、高校生だったが、母にトイレットペーパーを買ってくるよう命じられ、スーパーマーケットに走ったのをよく覚えている。しかし、時既に遅し。トイレットペーパーだけではなく、日用品の棚はからっぽで、すごすごと帰ってきたのを今でもよく思い出す。

それから四十六年後の二〇二〇年、新型コロナ肺炎が流行し始めたときも、マスクや日用品を買うための長い行列ができ、品切れを知らせる紙があちこちの店に貼られた。そのとき、私は思い出した。店頭から商品が消えたあの日のことを。オイル・ショックの日に逆戻りしたかのようだった。

二〇二〇年は、二回目の東京オリンピックが行われるはずの年だった。しかし、オリンピックは延期され、外出の際もマスクをしてこわごわ出かけるという日々が始まった。

まったくもって、人間の生活は何が起きるかわからない。その一方で、同じことがくり返されているともいえる。かつて、私たちはトイレットペーパーを求めて、スーパーに駆けつけたが、求めていたのは紙そのものではなかったように思う。漠然とした不安を解消するため、家族を守るために、とにかくなんでもいいから行動に移さなくてはいられない。そうした思いが、私たちを買い占めに走らせたのではないだろうか。それが正しいとは言わない。しかし、何かをしないではいられないときもある。不安という感情は、平穏な生活を内側からも外側からもじわじわと破壊していくものだ。

オリエントレザーを存続しよう

オリエントレザーも、不安に包まれていた。何か新しい行動を起こすべきだと、皆、わかっていた。しかし、いったい何をしたらいいのだろう。円は高騰し、一ドル三百六十円から一ドル二百円くらいにまで変動している。これでは対処のしようがない。おまけに輸出の仕事は、短くても半年、長いときは一年以上の契約が結ばれており、動きがとれない。

これまでアメリカへの輸出によって順調に売上を伸ばしていたオリエントレザーは、窮地に追い込まれた。債務超過に陥り、事実上の倒産を余儀なくされた。しかし、産炭地を再生するという郷土愛が生んだ会社である。倒産だけは避けたい。さらに、公的な機関に助けを仰いできた背景もある。なんとかして存続しなければならない。

ではどうしたらよいのだろう。良い方策もないまま、様々な思惑もからみ、オリエントレザーは、立ちすくんで動けなくなった。誰かが会社の立て直しをしなければならないと焦るものの、あっという間に、億単位の負債ができてしまった。このままほうっておくわけにはいかない。

しかし、誰が……。どうやって……。

できることなら、誰も引き受けたくはない仕事であった。

けれども、染谷兄弟の父・政志は、なんとしても倒産を避けなければいけないと考えた。会社の創業から関わってきたため、責任も感じていたのだろう。なんとかして会社を存続し、窮地を乗り切ろうとした。そして、社長を引き受ける決心をしたのである。政志は、会社の発展が歌志内の発展につながると信じていた。たとえどんなに困難があろうとも、引き受けなくてはならない仕事だと考えたのだ。

しかし、息子たちにとって、これは青天の霹靂であった。父は商売をしたことなどなく、革製作に熟知しているわけでもない、ましてや馬具を扱ったこともない。ないないづくしの挑戦だ。大丈夫なのだろうか。石油ショック以上のショックが染谷家にのしかかった。

それでも、染谷政志の意志はかたく、新しい社長として就任する運びとなった。

困難な状況でのスタートだとわかっていた。しかし、郷土への愛が通じる日が来ると信じて、粉骨砕身しよう。きっと明るい明日が来るはずだ。そう信じての船出であった。

ここでまた、ところが……と、言わざるをえない事態が起こってしまった。政志が脳血栓のため倒れたのだ。疲労がピークに達していたのだろう。責任感に押しつぶされてしまったのかもしれない。

まさにこれからというときに、新社長が倒れ、会社は再びの危機に陥った。しかし、倒れるのも当然だと誰もが認めるほど、政志は負担を強いられていた。ニクソン・ショック、オイル・ショックに対応するため、無理に無理を重ねてきた毎日は、新社長となった彼の体を蝕んでいたのだろう。

父に代わって

父に代わって、会社の運営をまかされたのが、長男の純一だった。

純一は、一九六九年（昭和四十四年）、オリエントレザーの運営を助けるために、既に別の法人を立ち上げていた。しかし、入社したばかりのときは、馬のことも、革のことも、馬具のこともよくわからなかった。それでも、若さにまかせて、馬産地に出向いては、精いっぱいの営業努力をしていた。その経験を生かして、志半ばで倒れてしまった父を助けようとしたのである。

こうして背水の陣の覚悟をして、経営に挑んだ純一だったが、最初のうちは、失敗につぐ失敗だった。

馬具を車に積み込み、多くの牧場が点在する日高《ひだか》地方に向かったときのことである。牧場の人たちが、「おう、馬具屋か！　何を持ってきた？」と、親切に声をかけてくれても、即答できずに悔しい思いをしたこともある。

馬具の名前も人それぞれに呼び方があり、純一は戸惑うことも多かった。けれども、そんな純一に、牧場の人たちは親切で、馬具の名前をひとつずつ教えてくれた。彼らの教えがあったからこそ、純一は、製品名で言えば、ホルターを「ムクチ」と呼ぶこと、漢字で書くなら、「無口」となることなどを覚えていったのだ。

もちろん、楽しいことばかりではなかった。商売とは厳しい世界である。クレーム処理に明け暮れ、泣きたくなる日も多かった。父に代わって社長になったものの、風当たりも強く、本当に地獄の日々であった。

まずつらかったのは、経費を節約するため、工場を減らす必要に迫られたことだ。一緒に働いてきた親しい社員をリストラしなければならない。やりたくて、やる仕事ではない。しかし、やらねばならない仕事であった。

会社の整理をしながらも、新しい商売を考え、収益を上げていかなくてはならない。これは過酷な日々である。それも、借金を背負い込んだ状態で進んでいかなくてはならないのだ。

とにかく出直し

まずするべきことは、何か？　新社長となった純一は考えた。とりあえずは、輸出で利益を出すことはあきらめなくてはならない。そのためには、まずは国内へ目を向けた商品開発が必要だ。

これまで通り、馬具を売ることができれば、それが一番いい方法だとわかってはいた。しかし、今まで作ってきたアメリカ向けの製品は、日本国内では需要がない。

そこで、とりあえずは革製品を国内用に開発し、それを出発点としよう。なんとかして生まれ変わる努力をしない限り、オリエントレザーに明日はない。

そのためには、革製品ならなんでも作りますという姿勢でのぞまなくてはなるまい。純一は、そう決心していた。

たとえば、電気工事の際に使う工具を入れるための革製ベルトを作ることができるかと問われたら、とりあえずはやってみますと答え、即座に見本を作るように努力を重ねた。ドライバーやペンチなどを差すための細かなポケットがついた特別注文品であるが、幸い好評で注文が続いた。

自衛隊からの要請で、スキーの留め具セットやストックを作ったこともある。当時、スキー用具には部分的に革が使われていた。染谷兄弟は、純一も昇も、学生時代は競技スキーの選手として活躍していたので、そうした経験を製品に生かすことができた。

会社に役立つことはなんでもしようという必死さが、少しずつ周囲に認められていった。

やがて、オリエントレザーは仕事が丁寧だという評判が口コミで徐々に広まるようになり、警察官が使う拳銃のホルスターや手錠入れなども引き受けるようになった。

革に関するものなら、頼まれればなんでも作りますという姿勢も良かったのだろう。飛び抜けて卓越した革の知識があると言い切る自信はなかった。すべては一から勉強している最中だ。それでも、誠実な態度は周囲に自然と伝わっていった。意図的に宣伝する余裕はなかった。それでも、使った人が「これ、いいね」と認めてくれさえすれば、次の注文を取ることができる。これがものづくりの醍醐味かもしれないと、やがて純一は思うようになっていった。

父の言葉

兄の純一が社長として、故郷の歌志内で懸命の努力を続けていた頃、東京にいた弟の昇も、ひとつの転機を迎えていた。

中央大学の商学部に進学していた昇は、末っ子ということもあり、どこかのんきなところがあった。大学を卒業したら、東京の会社に就職しようと考えてはいたものの、どうしても就職したいという会社があるわけではなかった。競技スキーに打ち込む学生時代を送っていたので、スポーツ関係の会社も悪くはないなと漠然と思ってはいた。自分にはスキーという特技があるのだから、培った知識と技術を生かすのは悪くない。

もっとも、当初は、高校を最後に選手生活に終止符を打つつもりだった。精いっぱいやったという実感があったからだ。スキーで進学するのも気が進まなかった。高校最後の試合を終えたあと、大学でも活躍できるから是非、スキー部に入るようにと強く勧めてくれる先輩もいた。気持ちは有り難かったが、決心は変わらなかった。

ところが、帰宅すると、来客があった。高校時代の恩師と中央大学スキー部のOBだった。二人は昇のスキーの才能に気づいており、やめてしまうのはあまりにも惜しいと説得に来たのだ。わざわざ家まで出向いてくれた彼らと話すうち、昇の心にやはりスキーを続けようかという思いがわき起こってきた。

どちらの道に進むべきなのだろう。

考え、悩み、迷った末に父に相談した。東京の大学に進学すべきか、スキーを続ける方がいいのか、わからなくなってしまったと正直に打ち明けたのだ。

父は黙って聞いていたが、やがて静かに言った。「どちらの道でもいいんだよ。スキーをやめても、続けても、父さんは昇の選んだ方に賛成する。ただし、これは自分で決めなくてはいけない。自分で考え、自分で決めた道を行きなさい」

この言葉は昇の心の奥深くまで響いた。

昇は考え続けた末に、東京の大学に進学し、スキーを続けると決めた。自分で選択した結果だった。父に報告すると、ただ「そうか」と静かに答えた。進学費用についても、末っ子を送り出す寂しさについても、黙したまま、ただ行っておいでとうなずいたのだ。

中央大学に進学した昇は、スキー部に所属し、選手として競技生活に打ち込むようになった。その才能は周囲の見立て通りで、国体や全日本選手権にも出場するなど活躍を続けた。生活のすべてをスキー部の活動に投じていたと言っていいほど、昇はスキーにのめりこんでいった。

スキーは厳しいスポーツである。レジャーとして楽しむならともかく、競技者となると、激しい練習に耐えなければならない。山小屋に泊まり込んで不自由な生活に耐え、寒さに震えながら、雑用をこなす毎日が続く。体育会系独特の上下関係もあった。

けれども、人なつっこい性格の昇は、先輩たちに可愛がられ、スキー選手であることを誇りに思いながら、合宿所生活を送っていた。何よりも、白銀の世界は美しく、一度、その美しさに触れると、一生、ここにとどまっていたいと思うようになる。

昇はスキーに魅了され、山を愛し、雪の上を滑走する快感にひたっていた。

ところが……。

一九七〇年（昭和四十五年）、昇は不幸な遭難事故に遭遇する。そのときの記憶は、まぶしい白銀の世界を一瞬にして闇の世界に変えるほどつらいものとなった。

北アルプス立山連峰《たてやまれんぽう》で合宿していたときのことである。他の大学と合同で下山中、視界ゼロの猛吹雪に巻き込まれ、全員がちりぢりばらばらになってしまったのだ。それでも、山岳救助隊の助けも得て、昇は仲間と一緒に下山することができた。幸運だったと天に感謝したが、同志社大学の山岳スキー部一行のうち七人が行方不明となった。

急な天候の変化もあり、避けられない事故だと、周囲は慰めてくれた。しかし、それでも、このときの記憶は、昇の心をさいなみ続けた。あのとき、自分は何をすれば良かったのだろう。もっとすべきことがあったのではないだろうか。しかし、いったい、何を、どんな風に。

考えても考えても、答えは出ないまま、自分への問いかけだけが、くり返される。苦しさが胸からせり上がってきて、自分など生きている意味などないのではないかとさえ思った。自分の選択は果たして正しかったのだろうか。他の道もあったのではないかと、自責の念も生じた。

そんなときである。再び父の声が響いてきたのは……。

「自分で決めなくてはいけない。自分で考え、自分で決めた道を行きなさい」という懐かしいあの言葉だ。

　はっと胸を衝《つ》かれた。この道を選んだのは、自分自身ではなかったのか。誰かに強制されたわけではない。いくつかの選択肢の中から、自分で考え、自分で決めたはずだ。くり返し、自分にそう言い聞かせるうち、少しずつ迷いが消えていった。もちろん、遭難事故の記憶が消えてなくなることはなかった。それは一生背負い続ける悲しみとなろう。ただし、スキーは自分で選んだ道である。全うしなくてはいけない。そう思うと、失いかけていたスキー競技への情熱が再び蘇ってきた。

　あきらめることなく、ここでもうひと踏ん張りしよう。

　昇は立ち直り、再びスキーの世界へ身を投じた。

　ゲレンデに戻った昇の前に、一人の後輩が現れた。彼はまだ一年生であり、技術的には未熟なところもあった。しかし、心底スキーが好きで、熱心に練習をくり返す。そんな彼の笑顔を見ていると、心があたたかくなってくるのだった。

　それなのに……。

　あろうことか、その後輩が練習中に事故で亡くなってしまったのだ。まだ若く、将来を嘱望されていた彼が、一瞬にして帰らぬ人となるなんて、どうしても認めることはできない。

　事故は、昇が先に練習を終え、休憩している間に起こった。彼がコースをはずれ、立木に激突したという知らせを受けたとき、あまりの悲しみに声も出なかった。これからというときに、なぜなのだろう。若い命を賭けるほど、スキーは大切なものなのか。いくらなんでも残酷な運命ではないか。

どうしていいかわからないほど悔しかった。

今度ばかりは、もう立ち直れない、そう思った。

なぜ、彼が事故に遭ったのだろう。

なんのために練習に耐えていたのだろう。

どうして一緒に滑っていなかったのだろう。

自分を責める日が続いた。

ちょうど卒業の時期を迎えたこともあり、昇は競技スキーをやめようと決心した。このときは迷わなかった。新しい道を自分で選択したと確信していたからだ。

これから何をすべきなのか

そんなときである。北海道の実家から連絡があった。父がオリエントレザーの社長を引き受けたという知らせである。

最初に聞いたときは、驚いた。どう考えても、父が商売に向いているとは思えない。けれども、理由を聞いて合点がいった。市議会の議長として、歌志内のために心血を注いできた父である。オリエントレザーの危機を救うためには、自分が社長になって立て直すしかないと決断したに違いない。

父ならきっとやるだろう。歌志内を再生するために難しい会社経営を引き継いだ父の気持ちを、昇は尊いと思った。

もちろん、器用とはいえない生き方である。

単なるお人好しだというそしりもまぬがれない。

しかし、父は逃げない人だ。何を言われようとも、やると決めたことはやる、粘り強い性格だ。

そんな父を思い出すと、自分もなんとか役に立ちたいという気持ちが体からわいてくる。

同時に、昇は自分の体に父と同じ血が流れているのを感じた。故郷のために役に立ちたいと本気で思っている自分を発見したのだ。

東京で暮らしていても、昇は故郷・歌志内のことを忘れたことはなかった。

「もう雪が降ったろうか?」

「みんなストーブの周りに集まって、なんかうまいもん、食べているんじゃないだろうか」

そう思うとき、乾燥した東京の空気に歌志内からの湿った空気が混じるような気がした。それは遠くにあっても、鮮明に迫りくる故郷の空気であった。

Ⅳ

たった一人の東京

東京出張所開設

「父を助けよう。オリエントトレザーに入社しよう」

そう決心すると、昇の心は急に楽になった。人間はこれからどうしようかと迷っているときが、一番エネルギーを使い、消耗するものだ。

決めたからには、とにかく前進あるのみ。

昇はまずは一年、東京で会社づとめをすることにした。オリエントトレザーの経営を手伝うと決心はしたものの、具体的に何をどうすればよいのかわからない。だったら、せめて帳簿のつけ方くらい勉強しておこう。接客の技術も学ばなくてはなるまい。

他社での見習い期間を終えた昇は、東京にそのまま残ることにした。兄の承認を得て、オリエントトレザーの「東京出張所」を新しく開設することにしたのだ。いわば社会へのデビューを果たしたことになる。

次にすべきは出張所をどこに置くか決めることだ。実は、これについては悩むことなく簡単に決まった。自分が暮らしているアパートをそのまま出張所とすればいい。まさに職住近接であり、便利といえば便利なことこのうえもない。テナント料も必要ない。喜びをこめて墨色鮮やかに「オリエントレザー東京出張所」と看板を掲げたいところだが、そこはアパート、かなわぬ望みであった。

東京出張所を開設するにあたっては、何もかも一人でやらなければならなかった。おまけに、扱うのはまだよくわかっていない馬具である。スキー用具なら詳しいが、馬具はこれから勉強しなければならない。そもそも馬に乗ったことさえないのだ。不安ではあったが、「まあ、なんとかなるだろう。とにかく、滑り出そう。スキーと同じで、バランスを取り、転ばないようにしていれば、どこかにたどり着くだろう」無邪気にそう信じていた。信じるより他にできることはなかったともいえる。

できれば、一旦は北海道へ帰り、大学を卒業したことを報告したかった。オリエントレザー本社で仕事を覚え、営業の何たるかも学びたかった。もちろん、父やきょうだいや友達にも会いたい。母の顔も見たい。

けれども、オリエントレザーの今後を考えると、一刻も早く東京で営業活動を始めるべきだ。販路を開拓するためには、大都会である東京がふさわしい。海外での販売が難しくなった今、多くの人が密集して住む大都会を見逃すわけにはいかない。

どこもかしこも人であふれている街・東京、それは経済的な活況を生むところでもある。商売を覚えるのなら、ここが一番だ。昇は自分で自分にそう言い聞かせた。

救いの手

では、まず何から取りかかればいいのだろう。

大学を卒業したとき、運転免許証は取っておいた。馬具の営業をするなら、商品を運ぶ車が必要だと思ったからだ。かつて、馬は人間や荷物を運ぶ大切な移動手段だった。しかし、今や車を使う時代である。世は移り変わり、馬は運搬の手段から、乗って楽しむものにその姿を変えていた。

幸い、知り合いが安く中古車を譲ってくれたので、北海道の工場から届く馬具を積み込み、乗馬クラブや競馬場を回った。当然、アパートはほとんど留守になるので、北海道から送られてくる荷物の受け取りができないのが悩みとなった。仕方がないので、運送会社の営業所に留めおくよう頼み、荷物が着く度に自分で取りに行った。商品を置いておく倉庫もない。どうしようかと思っているうち、馬具はどんどん増えていき、職住近接どころか、部屋の中に寝る場所もない有様となった。

困ったなと思っていると、救いの手が差しのべられた。

「うちの本堂に置いたらどうか？」と、言ってくれる人が現れたのだ。親しくしていたお寺のご住職だ。谷中《やなか》にあるお寺で、場所も申し分ない。

「いや、そんなこと、申し訳なくてできません」と言おうとして、言えないことに気づいた。商品である馬具の上で寝るわけにはいかない。

ご住職からしたら、孤軍奮闘する昇を見かねてのことだったのだろう。躊躇する昇に向かって、彼は「お礼は仏様に言ったらいいよ」と、笑ってくれた。有り難くて涙が出そうになりながら、「御利益があるといいな」と、思ったりもした。

「さぁ、今日も頑張るぞ」

馬具の倉庫を手に入れた昇が、次に目指すべきもの。それはもちろん、馬具を買ってくれるお得意さんを得ることだ。店舗を持たない状態で商売するのだから、お客様を待っていても仕方がない。こちらから出向かなければ、何ひとつ売れない。

しかし、どこへ行けば、お客様に会えるのだろう。乗馬クラブに知り合いがいるわけでもない。競馬の関係者とも会ったことがない。まったくもって、ないないづくしのスタートである。

それでも、工場から送られてくる商品をとにかくどこかに納品しなければならない。グズグズしている暇はないのだ。とにかく出発進行、どこを目指すべきかもわからないままに、昇は走り出した。

この頃の一日の日課は次のようなものだった。

まずはお寺まで車を飛ばし、拝礼した後、本堂から商品を運び出す。そして、それを車のトランクに詰める。ここまではいつもうまくいった。流れるようにことが運ぶ。

そして、エンジンをかけ、「さぁ、今日も頑張るぞ」と、心の中でときの声を上げる。

ここもうまくいく。

問題はこれからだ。

いったいどこへ？

昇は頭をひねった。

そして、考えついた。そうだ！　商品を使うのは馬なのだから、とりあえず馬がいるところに行けばいい。

東京都の地図を広げてみると、馬がいるところは、思った以上にたくさんあった。

まずは、競馬場には馬がいる。もっとも、開催日以外に競馬場に行っても、そこに馬がいるかどうかはよくわからない。それでもとりあえず、昇は競馬場に向かった。東京近郊では府中と中山にＪＲＡ（日本中央競馬会）の競馬場がある。しかし、いきなり出向いても競馬場で馬具を直接売ることはできない。ひとまずは退散するしかなかった。

次に向かったのは乗馬クラブだ。そこに馬がいるのは間違いない。

当時、東京には乗馬クラブが二ヶ所あり、早速行ってみた。これまで乗馬など自分には縁のない世界だと思っていたので関心がなかったが、馬に乗る人たちは、楽しそうで穏やかに見えた。やはり優雅な趣味だからだろうか。馬に乗る彼らの顔を見ていると、すさみそうになる心が癒やされていくのを感じる。

昇は幼い頃、歌志内のビバリーヒルズに遊びに行ったことを思い出した。テニスやゴルフを楽しんでいた友達のご両親も、今は東京へ戻り、乗馬を趣味としているのではないか。なぜかそんな気がしてならなかった。雰囲気が似ているような気がする。ゆらゆら揺れるロッキングチェアに乗ったときの思い出が蘇ってくる。

スポーツとしてというよりも、たしなみとして馬に乗る。乗馬クラブはそうした雰囲気に満ちていた。

出会いの連続

慣れない営業を続けてはいたが、馬具という商品が一種のスポーツ用品としての側面を持つことに、昇は活路を見出していた。もしかしたら、自分が扱うのに向いているのではないかと思えた。スキー選手だった頃、道具を大切にするようにと教えられた。自分の命を預けるものなのだから当然だ。その記憶は、乗馬を楽しむ人々に質の良い馬具を供給し、安全に馬に乗って欲しいという思いにつながっていく。

ただし、残念ながら売上は好調とは言えなかった。馬具の営業マンとして努力していても、肝心の馬具についてまだ詳しいわけではなかった。革についても、奥が深く、まだまだわからないことが多い。

けれども、努力を重ねているうち、少しずつ顔見知りもできてきた。どこの馬の骨かわからない昇に目をとめ、話を聞いてくれる人が増えてきたのだ。

懸命に頑張る心が通じたのだろうか？

それとも彼らの側にも、日本製の馬具に期待するところがあったのか？

馬の存在が引き合わせてくれたのか？

そのいずれかはわからないが、仏様の御利益は、商売そのものよりも、人との出会いにその力を発揮していたようだ。

ある日、昇はまだ行ったことのない乗馬クラブに向かおうと思い立ち、埼玉まで車を飛ばした。入間《いるま》市に大きな乗馬クラブがあると知っていたからだ。

着いてみて驚いた。これほど大きな乗馬クラブだとは思っていなかった。百頭近くの馬が、優雅にたたずんでいる。

ビロードのような毛並みを持つその姿に、昇は魅せられた。この馬たちの背に、うちの会社の鞍をのせたい。どうしてもそうしたい。見果てぬ夢だと思いつつも、そう考えないではいられない。

ところが、鞍置き場を見せてもらうや、「これは無理だ」と、ため息をつかないではいられなかった。外国製の見事な鞍が並んでおり、「これはかなわないな」と、思わざるをえなかった。まったくもって、ほれぼれするような美しい鞍ばかりだ。果たして我が社が参入する余地があるだろうか。

それでも、学ぶことができると思いなおした。たとえ猿真似と言われようとも、これらの鞍を参考にすれば、いつの日か、外国製品に負けない鞍を生産することができるようになるかもしれない。いや、なってみせる。

その思いを隠すことなく、乗馬クラブのオーナーである田村《たむら》さんに伝えると、「そこまで言うなら、うちに滞在して勉強してみませんか？」という言葉が返ってきた。願ってもいない申し出だ。馬具を売りながらも、馬に乗れない自分にコンプレックスも感じていた。馬に触ったことさえ、ないのだ。

「本当にいいんですか？　ここで暮らして本当にいいんですか？　ご迷惑ではありませんか？」

震える声で何度も確認した。それなのに、田村さんは「いいですよ」と、何度もうなずいてくれる。

この好機を逃してなるものか。思い立ったが吉日と、昇はすぐに乗馬クラブに住み込むことにした。アパートに戻り、身の回りのものを持つと、乗馬クラブにとって返した。営業活動は少しの間お休みにすると、北海道の会社に伝えるのも忘れなかった。行方不明になったかと心配されては大変だ。

乗馬クラブに居候

乗馬クラブで過ごした日々は、馬の専門学校に入ったかのように有益なひとときとなった。覚えるべきことがありすぎるほどある。昇は寝る間も惜しんで、馬と馬具に触れようとした。頭ではなく体で、馬という生きものを吸収したい。そのため、一日中、馬と寄り添っていられる環境を心底、有り難いと思った。

乗馬クラブには使っていないキャンピングカーがあった。元々は馬を運ぶために使っていたのだろう。そこが昇の新しい住まいとなった。

「こんなところで大丈夫？」と、オーナーは随分心配してくれたが、大丈夫もなにも昇は大満足だった。学生時代、スキー合宿のため山小屋で暮らした経験がある。そこでは、部員同士が大勢で折り重なるようにして眠らなければならなかった。それに比べたら、キャンピングカーはワンルームマンションのようなものだ。まして、食事はオーナーのお宅でご馳走になる。申し訳ないとは思ったが、馬具屋として一人前になりたいという強い思いが勝り、お言葉に甘えることにした。

元々、体力には自信があったので、一日を目いっぱいに使った。朝早く起きると、キャンピングカーの我が家を片付け、廏舎に行き、馬の世話を手伝うことから始めた。掃除をし、馬具の管理を教えてもらう。こんな暮らしを続けるうち、廏舎での作業はきりがないほど多岐にわたっているとわかってきた。生きものが相手だけに、いつ何が起こるかわからない。それだけに、やってもやっても、やることがある。

一見、白鳥のように優雅な乗馬クラブだが、その運営には、必死の努力が必要だと実感しないではいられなかった。白鳥は静かに湖に浮かんでいるように見えるが、現実には足を動かし、水を激しくかき回すことによって、体を支えている。

馬具を製造するときも、目には見えないところで、地味で単純な作業をくり返すことが必要だ。しかし、その一方で、水の上の白鳥のような優雅さを失ってはいけない。馬上でいかに美しい姿を保つか、それが乗馬というスポーツの鍵となる。普段の練習では泥だらけでいようとも、廏舎の中で這いずるように時を過ごしていても、馬上ではひたすら優雅に、踊るような姿を見せなければならない。

乗馬クラブで暮らしているうち、馬具とは実に不思議な商品だと、改めて思うようになった。

普通に生活する人にとって、馬具は必需品ではない。放牧されている馬にとっても、とくに必要がないものだ。ところが、馬と人が一体となるとき、両者をつなぐ馬具がどうしても必要になる。

バレリーナがトウシューズを履いて、白鳥の姿に変身するように、人は馬具によって馬と一体化する。その姿は、ギリシャ神話に登場する半人半獣の種族・ケンタウロスを思わせる。ケンタウロスは、馬の首から上に人の上半身が置き換わった姿をしている。もし、それを現実の世界で再現するなら、馬と人、そして両者をつなぐ馬具の三つが必要となる。

昇は頭の中で、オリエントレザーが扱っている製品を思い描いてみた。取り扱っている馬具には、多くの種類がある。主力商品の鞍を始めとして、鐙《あぶみ》革、腹帯、手綱《たづな》、頭絡《とうらく》、無《む》口《くち》などだ。そのひとつひとつを昇は頭に叩き込み、同時に手で触れて、体で覚えようとした。

時には、自分が馬になったつもりで……。

どの道具も大切だが、どうしてもひとつ、大切なものを選べと言われたら、やはり鞍を挙げたい。鞍は人が馬に騎乗するとき、重要な役割を果たす。馬の背中は人間がまたがるのにぴったりとはできていない。そのため、鞍をのせて補正する必要が生じる。つまり、鞍によって、人は馬とのすき間を埋めようとする。その意味では、鞍とは人から馬への歩みよりを示す道具だ。

さらに、鞍と同じくらい大事なのが、鐙革だ。人は鐙につま先を乗せ、馬上での体を支える。前傾姿勢を取り、力強く踏み込むことができるのも鐙があってこそだ。鐙革とは、鞍の両脇に鐙をぶら下げるときに使う革の紐のことだ。鐙の高さを調整する役割もある。

騎手は鐙に体重をかけて馬に乗るが、その際、鐙革に全身を託す結果となる。だから、決して切れないように作り上げなければならない。一見したところは一本の細い革の紐に、馬と人、その命が預けられているのだから、緊張感をもって作らなければならない。

人生初めての乗馬

乗馬クラブで暮らしているうち、馬具とは人が命を預ける存在だと実感するようになった。自分は本当の意味でそれをわかっていただろうか。昇は自分に問わないではいられなかった。今までは会社を存続することに夢中で、ただがむしゃらに、買ってくださいとお願いの行脚をしていただけではないだろうか。

さらには、自分は馬に乗ったことがない馬具の営業マンだ。これでいいのだろうか。

昇は悩んだ。

物を売るとは、自分の家族や友人、大切な人に、胸を張って「どうぞこれを使ってください」と言えることだ。それなのに、自分にはそれだけの自信があっただろうか。昇は唇をかんだ。

そんな気持ちに気づいてくれたのだろうか、それとも最初から、馬の世界のすべてを伝授しようと考えていたのか。ある日、田村さんが「ちょっと馬に乗ってみる？」と、声をかけてくれた。オーナーじきじきに、乗馬訓練をしてくれるというのだ。こんな贅沢な話はない。

嬉しくてたまらなかったが、人生初めての乗馬である。不安なことは不安だった。しかし、まあ、大丈夫だろう、なんとかなるだろうと、思ってもいた。運動神経には自信がある。競技スキーで鍛えた体も、まだまだ衰えてはいないはずだ。ゲレンデを滑りおりていたバランス感覚を駆使すれば、馬に乗ることくらいはできるだろう。まして、相手は人を乗せるための訓練を積んだサラブレッドだ。

昇は張り切っていた。

ところが……。

やってみると、乗馬とスキーではまったく違う才能と訓練が必要だと思い知った。まずは馬の背に乗るだけでヘトヘトになった。馬は考えていたよりずっと大きく、またがるだけでもたいそう骨が折れる。乗るというより、這い上がり、よじ登る感じだ。かといって、馬に不快感を与えたら、もうそれだけで、「きみは乗せたくない」と言わんばかりに身を震わせ、振り落とそうとする。

苦心惨憺の末、どうにか乗ることができても、その後がさらに大変だ。最初のうちは、落馬の連続だった。あっと思ったときは、もう背中が地面についている。

「頼むよ、落とさないでくれよ」と懇願してはみるが、馬には通じない。乗馬クラブのメンバーはいったいどうやって自分の意思を伝えるのだろう。

まいったな、としょんぼりする日々が続いた。

それでも、訓練を続けているうち、どうにか馬の背から振り落とされないようになってきた。まだ楽しむところまではいかないが、馬に乗っていると、その独特な振動が快く、視界が開けるのを発見した。

そうか。馬の上で、そして、鞍の上で、人はこのような思いでいたのか。これまで知らなかった世界だ。

次にすべきは、オリエントレザーで製作した鞍をオーナーに認めてもらうことだ。自分が実際に馬に乗ってみると、馬具は単なる道具にとどまらず、馬と人をつなぐ何か特殊な力を持つと気づく。この先、自分は馬具を売って生活していかなければならない。だったら、オリエントレザーの鞍が自信を持って売ることができる製品なのかどうか、自らの体で確認する必要がある。

ただ、どういう結果になるか、薄々、気づいてはいた。どんなに頑張っても、ヨーロッパの鞍には、遠く及んではいないだろう。それでも、乗り越えなければならない壁である。

そこで、「あのぅ、うちの会社の鞍はどうなんでしょう。改良すべきところがあるとはわかっていますが、どこを改良したらよいのでしょう」と、おずおずと聞いてみた。すると、田村オーナーはにこやかに、「染谷君、まずは自分で乗ってみることだよ。乗ってみれば、自分の体が答えを出すでしょう」と言う。

それまでも、いろいろな鞍を使わせてもらっていた。乗馬のチャンスを与えてもらう度に、意識して新しい鞍を試していた。

そして、学んだことがある。

噂には聞いていたが、ドイツ製の鞍は素晴らしかった。乗っていて、うっとりするほどだ。それは確かなのだが、ひとくくりにドイツのものが最高であると、言い切ることはできないこともわかった。それほどことは単純ではないのだ。鞍には、ひと背ごとに個性があり、乗りやすいものもあれば、合わないものもある。高価だからいいかというと、そうではない。馬との相性、乗り手の体格、乗馬の技術など、千差万別の要素がまじりあって、乗馬という競技は構成されている。

だったら、うちはうちの方法で勝負していけばいいのではないか。オリエントレザーが世界のライバル会社に追いつくためにすべきこと、それは、何より日本人にはやはり日本の鞍がいいと、言ってもらえるものを作ることが大事だ。

これを肝心かなめのモットーとしよう。

自信を持つまでには至らなかったが、今の状態を脱して、前進するためにはそれしかない。

昇は決心した。

我が社の鞍はお尻が痛い

乗馬クラブで、初めて自社で製作した鞍に乗った日のことを昇はよく覚えている。

そのときが来るのが楽しみでたまらず、持ってきた鞍をいつも以上に丁寧に馬の背にそっとのせた。「頼むぞ」と心の中で話しかけながら……。そして、馬に負担をかけないように細心の注意を払い、「我が社の鞍」にまたがり、馬上の人となった。

そして、即座に気づいた。これは駄目だ、と。

初心者の自分でも、その差がわかるほど、違いは明らかだった。まずは、とにかく乗りづらい。鞍にも個性があるから仕方がないと言いたいところだが、個性も何も、問題が山積みだと実感した。乗り心地が不安定で、すぐにお尻が痛くなってしまう。当然、馬も機嫌が悪く、言うことを聞かない。

馬を車にたとえるなら、見た目は同じなのに、エンジンやギアをうまく切り替えることができない車に乗っているかのようだ。馬は賢い動物だから、なにか不満があると、すぐに乗り手を振り落とそうとする。

そういえば、エルメスが馬車具の製作をしていた頃、エルメスの道具を使うと馬車の馬が暴れず、おとなしくしていると評判になったという。エルメスの原点というべきエピソードだが、残念ながら今回はその反対で、馬にストレスがかかるのだろう、思うように動いてくれない。

これは困った。なんとかしなくてはならない。では、何をしたらいいのだろう。

とりあえず歌志内の工場と連絡を取り、改善すべき点を伝えようとしたのだが、何をどう伝えたらよいのかわからない。「乗りにくいし、お尻も痛いし、馬を操れない」では、何が何やらさっぱりわからないではないか。もっと丁寧に具体的な説明をしなくては、職人たちに気の毒だ。彼らも納得しないだろう。

昇は悩んだ。

すると、オーナーがひとつの鞍を差し出した。前に乗ったことのあるドイツの製品だった。作りはシンプルだが、大変乗りやすかった覚えがある。そして、「染谷君、これ、持っていっていいよ」と言う。

「いいんですか？　本当にいいんですか？」と、口では言ったが、「駄目だ」と言われても、借りたいと思った。迷っている時間などない。会社再建のために、一刻も早く、きちんとした鞍を作らなくてはならないのだ。

職人の腕と熱心さには自信があった。皆、粘り強い努力家である。素晴らしい鞍があれば、彼らのことだ。なんとかするだろう。

昇はオーナーが差し出してくれたドイツ製の鞍を大事に抱え、すぐに北海道に向かった。駅から直接工場に行き、職人に「これを見本に貸していただいたんだよ。まずはこの鞍に学んで、鞍を作ってみてはもらえないだろうか」と、頼んだ。

腕の立つ職人揃いである。口ではうまく伝わらないことも、現物があれば、なんとかなるだろう。

改良につぐ改良

職人たちは「これがドイツ製の鞍か」と、感嘆の声を上げた。そして、まずはバラバラに分解してみたいと言い始めた。ただ外から眺めているだけでは、その構造を理解することはできない。鞍とはその内部に工夫がこらされているものだからだ。

そこで、田村オーナーの許しを得て、分解することにした。いったいどこがどう違うのだろうとワクワクしながらの仕事となった。しかし、現れた骨組みを見て、一同、言葉を失った。作りがまったく違う。自分たちが作っていた鞍とは、骨組みからして異なっている。ドイツの製品に追いつこうと、ただ闇雲に頑張っても意味がないと知った瞬間となった。これは一からやり直すべきかもしれない。

昇は頭を抱えてしまった。ところが、職人たちは違っていた。彼らはがっかりしたりせず、ばらした鞍を子細に検討し始めた。そして、嬉々として作業に励んでいる。「あ、そうか」「ここはこうなってるんだ」「いや、でも、こうじゃないか？　この方がよくないか」「うん、そうだな」とかブツブツ言いながら、どんどん知識を吸収していく。

技術を体で覚えている人たちにとって、現物の鞍の存在は大きな意味を持っていたようだ。分解したドイツ製の鞍は、職人魂に火をつけ、もっといいものを作ろうとする思いにつながる。あっという間に、試作品が出来上がってきた。その熱心さに触れていると、借りてきた甲斐があったと、本当に嬉しかった。

試作品ができると、次は昇の出番である。

新しく作った鞍を持ち、北海道から埼玉の乗馬クラブに向かい、田村オーナーに見てもらった。「よくやったな」と言ってもらえるかと思ったが、答えは「まだまだだな。もっと改良しないと駄目だよ」であった。

オーナーからの貴重な意見を書きとめ、また北海道へ向かう。改良した試作品が再び出来上がると、今度は埼玉へ帰る。まるで伝書鳩のように、鞍を抱え、往復する日々が続いた。

つらくないと言ったら嘘になる。交通費だって、馬鹿にはならない。節約はしていたが、北海道はやはり遠いなと実感させられる往復となった。

けれども、職人たちはいつも昇を待ちかねたように迎えてくれた。改良した鞍の評価が気になるのだろう。会社に着くと、皆、工場から出てきて、昇を取り囲み、口々に質問を浴びせかけてくる。普段は寡黙な人たちだけに、その熱気に圧倒される。

「どうでした？　今回のは気にいってもらえた？」

「いや、それがね、まだ、ここをさ、改良してくれって言われちゃってね」と、正直に感想を伝えると、彼らはがっかりしたりはせず、「あ、そうか。でもな、実はそこ、ちょいと自信なかったんだ。やっぱりか。もう一度やってみるしかないな」と、次のステップに自分たちから踏み出していく。

「悪いね。でも、あともう少しだと思うんだよね。やってみてくれるかな」

　こんな会話をくり返しながら、鞍は改良されていった。以前と比べれば、丈夫で乗りやすい製品を作ることができるようになってはいた。当面はそれでしのぎながら、いつかは必ず、ヨーロッパの会社に負けない乗馬や競馬の鞍を作ろう。その日はきっと来ると皆が信じていた。士気は高く、その明るさが昇の支えともなった。「よし、これならいい」という言葉をもらえる日、いわば免許皆伝の日が必ず来ると、皆信じており、それだけの努力を重ねているという自負もあった。

　粘り強い努力が報われ、田村オーナーから「これならいいでしょう。頑張りましたね」という言葉を賜ったのは、最初に鞍をばらしてから十年も後のことだった。

　昇も頑張ったが、北海道で昇を待つ兄や職人、そして何より、駄目出しを続けたオーナーにとっても、辛抱を強いられる歳月であった。

切れっ端でも輝いて

完璧な鞍の完成を目指して、昇は、東京と北海道の往復をくり返した。しかし、鞍の改良に専念することはできなかった。会社を存続させるため、そして自分の食い扶持を稼ぐために、とにかく現金収入を得ることに迫られていた。

乗馬クラブや牧場に馬具を売る努力も続けていた。けれども、日本の乗馬人口はそれほど多くない。やはり限られた人たちの楽しみだ。改良を重ねても、乗馬用馬具の売上が爆発的に伸びる日が来ると期待することはできなかった。だったら、革を使って何か他の製品を作り、収入を得なくてはならない。

では、いったい何を作ればよいのだろう。

焦りはするものの、良い考えが浮かばない。困り果てた昇は、策を練ろうと北海道に戻り、工場に出かけた。職人たちの働く姿を見ていれば、元気が出てくると思ったからだ。

正直に言えば、心の中は不安でいっぱいだった。しかし、表面上は末っ子特有の明るさを周囲に振りまくようにした。仮にも東京出張所の所長である。暗い顔を見せて、頑張っている職人たちの意欲をそいではならない。

それにしても、何を作るべきなのだろう。

工場でぼんやりしていたときのことだ。工場の片隅に、革の切れ端が積まれているのに気づいた。馬具に使う革を取ったあとの余り革だ。馬具に使う革は強くて丈夫な部分を厳選して裁断するので、使わない部分が出る。

普段はただ眺めて通り過ぎるのに、そのときは胸が痛くなった。

「なんだか、俺みたいじゃないか。自転車操業の東京出張所長なんて、正規の製品の切れっ端みたいなもんだ」

自虐的に呟いた次の瞬間、ひらめいた。

「一寸の虫にも五分の魂。切れっ端の革だって、元は大事な素材だったはずだ。よく見ると、切れっ端になっても、存在を主張しているぞ。まだまだ綺麗な艶もある。そりゃあそうだ。品質は最上級の革なのだから。捨ててしまうのはもったいない。だからこそ、職人たちも捨てずに、いや、捨てられずに、ここに積んでおいたのではないか」

なんとか製品にしよう。そう決心したものの、切れ端は小さく、小銭入れすら作れないサイズだ。「うーん、じゃ、何にしたらいいのだろう」。一人でぶつぶつ呟いているとき、ふと昇の脳裏に、営業のため、とあるバーに出かけたときの光景が浮かんだ。そうだ！　コースターなんかどうだろう。革なら、紙のコースターより、質感がある。これまで、紙のコースターには悩まされてきた。コップからつたう水滴でコースターがくっついてしまう。一杯の水割りで粘っているうち、紙のコースターがふにゃふにゃになってしまうこともあった。けれども、革なら大丈夫だ。使い捨てにする必要もない。コップも安定して置くことができる。これはなかなかいいアイディアじゃないかと、自画自賛したくなった。

しかし、技術的にはどうなのだろう。おそるおそる職人に相談してみると、「あぁ、とにかく、やってみるよ」と引き受けてくれた。職人とは、頭であれこれ考えずに、とりあえず手を動かしてみるものだ。早速、いくつかの試作品を作り始めた。切れ端だった革が、みるみる綺麗なコースターに変身していく。

これはいけるぞ。

昇は嬉しかった。

それまでは、他社ブランドから注文されたものを作るのにかかりきりだった。それだけで精いっぱい。けれども、この革のコースターは、オリエントレザーにとって、初めてのオリジナル商品となった。革にお店の名を刻印すれば、オリジナリティも出る。革は高級感もあり、洒落た感じを醸し出す。

社員たちは、端切れであった革が立派な製品となっていくのを見て喜んでくれた。コースターとお揃いで、同じ革を巻いたガラスの灰皿をセットにしたらどうだろうというアイディアも出た。昇自身はお酒もそれほど強くないし、煙草も吸わなかったが、水割りのグラスを傾けながら、煙をくゆらす紳士たちに、憧れは持っていた。

これはいけるぞ。皆の心がわき立った。

コースターと灰皿のセットは、それまでは馬具を売る会社として認識されていたオリエントレザーにとって、記念すべきオリジナル商品となった。自分たちはあくまでも馬具屋だが、馬具屋だからこそできる革製品があることをアピールできたからだ。

この商品に賭けてみよう。昇の心は奮い立った。

オリジナル商品を売り歩く

東京に戻った昇は、試作品のコースターと灰皿を抱え、新宿や渋谷、銀座を歩き回った。バーや飲食店に知り合いがいたわけではないので、すべては飛び込み営業となる。どうせ行くなら勝算のあるところにしたい。そこで電話帳を開き、「馬」という名前のついた店を巡ってみることにした。店の名前に馬を使うくらいだから、馬と関係があるのは間違いないと考えたのだ。馬具屋が作ったコースターと灰皿セットを売るのだ。他の店にいきなり飛び込むよりは、「馬」の文字がついた店の方が勝算が高い。昇なりのギャンブルだった。

調べてみると、「馬」の名がつく店は数多く存在した。それ自体は嬉しい発見だったが、簡単にことは運ばなかった。バーやレストランは、既に店名の入った紙のコースターを持っているところが多く、けんもほろろの冷たい扱いを受けることも多かった。話も聞いてもらえずに追い返されてしまう日もあった。

うまくいかず、落胆しつつも、「そうだ！　お客になればいいのだ」と思いついた。店はお客を追い出すことはできない。だったら、とりあえず店に入ること、それを目標にしよう。商談を始めるのはその後でいい。

身なりもきちんと整えた。そして、何気なくビールや水割りを頼み、くつろいだ感じを装いながら、店の様子をうかがう。そしてこれはいけると思ったら、見本を見てもらい、感触が良いと早速、商談に入った。そんな毎日を根気強く続けた。こうしてバーやレストランを巡り歩くうち、「革のコースター」を携えた営業マンに興味を持ってくれる人も現れた。

とくに馬具を作っている会社だと打ち明けると、反応が良くなるのに驚いた。もしかすると、馬という存在には、人や物をつなぐ力があるのかもしれない。昇はそう思い始めていた。「馬を媒介として、人はつながっていく」という言葉を教えてくれた人もいる。その言葉を裏付けるような不思議な何かが、昇の周辺で起こり始めていた。

あふれるような熱意が通じたのかもしれない。

それとも、やはり「馬」の持つ特殊な力が働いたのか。

革の持つ質感が気にいってもらえたのか。

理由はわからないが、コースターと灰皿のセットを買ってくれる店が段々増えてきた。自分でセールスをしておきながら、おかしな話だが、最初は嘘ではないかと思ったほどだ。「本当ですか！　本当に買ってくれるんですか？」と、尋ねたくなったほどだ。

さらに不思議なのは、「馬」というキーワードをきっかけに、次々と知り合いの輪が広がっていくことだった。

こうして、「オリエントレザー東京出張所」は、オリジナル商品となるコースターと灰皿を販売することにより、利益を上げ始めた。もちろん、馬具を売りたいのはやまやまだが、まだ改良途中である。だったら、他の革製品を売りながら、鞍の開発を続けていくしかない。研究を続けるためには資金が必要であり、社員が生活していくために利益を上げることが大切だ。

コースターと灰皿のセットは、馬具職人の確かな技術を小物に生かせば優れた商品が出来上がると証明する結果となった。新宿の雑踏の中で、あるいはネオンが灯る銀座通りで、昇は歌志内の工場を思い出しては、ふと立ち止まった。この身は東京にいるのに、会社のすぐ前を流れるペンケウタシナイ川のせせらぎが聞こえてくるように感じる。

東京は秋の気配さえ感じられない蒸し暑さだが、北海道はもう肌寒くなっているだろう。革のにおいが充満する工場で、畳の上にあぐらをかき、厚着をしたまま背をまるめて、コースターや灰皿を作っている社員たちの姿が浮かぶ。

なんとか頑張ろう。

頑張るしかない。

昇は商品が入った重い鞄を抱え直した。そして、「子どもの頃から、私は銀座を闊歩していましたよ、という顔をしなくちゃな」と自分に言い聞かせながら、「馬」の名のついたバーの扉を押した。

新しい居場所

バーからバーへ、ホッピングする毎日が続いた。水割り一杯でこんな値段を取るのかと思うような店もあれば、なぜか親切にしてくれる店もあった。

ちょうどその頃、新宿を歩いているとき、「居留地」というバーを見つけた。「馬」の字は入っていなかったが、どうやらウエスタン・バーらしい。知らない店だったが、ウエスタンの文字にひかれた。ふと目についた場所だけに、縁があるように感じた。

喉も渇いているし、ちょうどいいやと言い訳をして、昇は思いきって「居留地」に入ってみた。

それは、馬が水飲み場に引き寄せられるのに似ていたかもしれない。そのときの昇は、営業のために飲み歩くのに少し疲れ、かなり喉が渇き、商売のためではなく自分のために喉を潤したいという思いにかられていたのだ。

カランコロンとベルの音がする扉が自分を歓迎してくれるようで、昇は思わずにっこりした。

そして、自分の勘もまんざらではないと思った。そこは面白いバーだった。一歩足を踏み入れるや、西部劇の世界が広がっている。お店の人はもちろん、お客さんまでもが西部劇の主人公のようなテンガロンハットをかぶり、ブーツを履いていた。一見したところは仮装集団のようだが、皆よく似合っていて違和感がない。何よりもノリがよく、心から楽しんでいる。見ているだけで嬉しくなってくるほどだ。

やがて、昇は商売のためではなく、自分のために、「居留地」に通い始めた。店に来ると、会社のこと、売らなければならない商品のことも忘れ、純粋に楽しむようになっていた。オーナーが北海道出身だったことも、親しみが増した理由となった。偶然とはいえ、何かで結ばれているようだ。

そのうち、常連客の中に有名な歌手がいると知った。

尾崎紀世彦である。

彼はひときわ目立つ存在だった。しかし、テレビで観るイメージとはちょっと違っていた。スター特有のオーラはあったが、バーボンを飲みながら仲間とふざける姿はやんちゃな少年のようだ。

親しくなってみると、尾崎紀世彦という人物は、多趣味で人生を楽しむことに貪欲だということもわかってきた。湘南で育ち、子どもの頃からサーフィンに夢中だったという。お祭りともなれば、お神輿をかつぐのに夢中になった。他にも、ハーレーにまたがってツーリングしたり、ドライブに出かけたり、射撃やヨットまでする。

何より、乗馬が好きで、山梨県にある乗馬クラブに仲間と一緒に馬を持っているというではないか。忙しい毎日だというのに、時間を見つけては、出かけている。

昇が「私は乗馬クラブで居候生活をしていたことがあるんですよ」と話すと、「えっ、そうか、じゃあ、君も一緒に行こうよ。馬に乗りに行こうよ」と誘ってくれた。

嬉しかった。まるでスキー部の仲間のようだ。これまで仕事ばかりしてきたが、仲間との飲み会をしているかのようだ。

夜、店でバーボンを飲みながら始発を待ち、特急列車で山梨へ向かう。着いたら、すぐに乗馬クラブへ直行し、馬に乗る。そして、夕方には東京へ戻り、またバーでバーボンというハードスケジュールだ。若かったから、そんなこともできたのだろう。

それにしても、仲間たちの自由さには驚かないではいられなかった。それも、ウエスタンスタイルのまま移動していたのだから、さぞや目立つ集団であったろう。まさに酒とウマの日々だ。しかし、こうした遊び心こそ、馬具を売るときに必要なことかもしれない。昇は感じ始めていた。製品は真面目に静かに作られるべきだ。しかし、商品の開発や営業に必要なのは、今を楽しむ姿勢だろう。机に座ってうなっていても、良いアイディアは浮かばない。しかし、皆で楽しんでいるときに、ふとそのヒントを得ることが多い。どこかで自分を解放してこそ、大切なヒントを得ることができるのかもしれない。

あるとき「居留地」のカウンターで、バーボンのグラスを片手にほろ酔い気分でいると、「染谷さんは馬具の会社につとめていると言ってたよね？　だったら、サドルバッグ、作ってくれないかな？」と、仲間に提案された。

「サドルバッグですか？」

とまどう昇に、皆、口々に訴え始めた。

「乗馬のときに、鞍につけるサドルバッグが欲しいんだよ。でもね、いくら探してもこれっていうのがなくて。海外に行く友人に買ってきてもらったりはしてるんだけど、この際、自分用に特注で作ってみたいと思ってたとこなんだ。染谷さん、馬具屋さんなんでしょう。できるでしょう？　やってみてよ」と言うのだ。

確かに、鞍を作る技術がある職人を抱えているのだ。彼らに頼めば、やってやれないことはない。コースターや灰皿が人気商品となったのも、職人たちの丁寧な仕事ぶりゆえだ。それに、これまでもピストルのホルスターや工具入れを作ってきた。何よりも、いつも良くしてくれる乗馬仲間の頼みである。「できません」とは、言いたくなかった。

作るなら、日本で最高のサドルバッグにしたい。早速、北海道の工場に知らせると、すぐに試作品が送られてきた。

まずは自分がモニターにと、山梨の乗馬クラブで使ってみると、確かに便利だ。乗馬仲間も喜んでくれて、注文が殺到するようになった。ウエスタン・バーの常連たちは仲間であり、物を売る相手として意識してはいなかった。けれども、友人の希望を満たす商品を提供することがこれほど嬉しいとは、自分でも意外だった。

それまでは知り合いや友人に「我が社の製品を買ってください」と頼むのは、いけないことのような気がしていた。しかし、胸を張って「頼まれたもの、できましたよ。いいものです。自信を持ってお勧めします。使ってみてください」と商品を差し出すときの嬉しさは格別だ。

商売とは、金銭の授受が生じるだけに難しく、厳しいもの。しかし、真面目にこしらえた商品を紹介するときは楽しさが先行する。サドルバッグの場合も、仲間たちが喜んでくれるのが幸せだった。さらに、「ここが良かった」「ここをもう少し改良して欲しい」と希望を言ってくれるのも嬉しい。こちらから頼んだわけでもないのに、皆が自らすすんで無料のモニターになってくれる。

「物を売るのは楽しいことだ」

昇はそう思い始めていた。

良いものを作っていれば、受け入れてもらえる。これまでは必死すぎて、余裕がなかった。目をつり上げて何かを売るのではなく、もう少し遊び心を持って製品を売らなくては。自分が楽しまずして、お客さんたちに楽しいと思ってもらえるはずもない。

こうして、東京での営業が少しずつ実を結び始めていた。

アンノン族はどこへ向かうのか

サドルバッグの教訓から学んだ昇は、さらに次の段階に進むことにした。歌志内の工場では、鞍の改良がくり返し行われていた。それは変わりなく続けられていた。しかし現実には、外国から輸入した鞍を修理する仕事が多かった。勉強にはなるものの、利益には直結しない。コースターや灰皿も売り続けていたが、そろそろ新しい商品を開発すべきときが来た。ひとつのものに特化するのは、商売上、危険である。それに、鞍やサドルバッグは乗馬をする特別な人たちへ向けた商品だ。もっと万人向けの、できれば今までは取り扱ってこなかった女性向けの商品を開発できないものか。

目をつけたのは、アンノン族という言葉に代表される若い女性たちだった。

それまでの日本では、若い女性が友達と旅に出ることはあまりなかった。深窓の令嬢という言葉に代表されるように、女の子は家にいるものと思われていた。そのため、観光地にいる若い女性は家族連れや会社の慰安旅行、そして、修学旅行の学生がほとんどだった。

一九七〇年代になると、若い女性向けの雑誌「an・an」や「non-no」が創刊され、人気を博した。それまでの窮屈さをはじき飛ばすように、夢のある生活スタイルが、誌面からあふれ出すようになっていた。

最初の頃は、雑誌を見ているだけでうっとりし、満足していた女性たちだったが、やがて雑誌の中にあるライフスタイルに憧れているだけでは満足できなくなった。それを実際の暮らしに取り入れ、自分の人生を自分の手で彩り始めた。なかでも旅行特集の記事に人気が集まった。令嬢たちも、そうした風潮に刺激され、自分自身を解き放ち始めた。雑誌で紹介された観光地に出かけていく行動力も身につけていた。

ちょうどその頃、今のＪＲ、当時の国鉄が、「ディスカバー・ジャパン」と銘打った一大キャンペーンを行った。「それまでとは違う方法で旅を楽しんではいかが？」という誘い文句に多くの女性たちが興味を持った。ＰＲ合戦も始まり、雑誌にもたくさんの記事が掲載された。

アンノン族と呼ばれる女性たちは、小樽運河や軽井沢、清里《きよさと》と、あちらこちらの観光地を目指して出かけるようになった。失恋したときでさえ、泣いてばかりいないで京都の嵯峨野《さがの》や大原に向かい、立ち直ろうとした。その独特な雰囲気が歌に歌われ、女性のひとり旅さえ目立つようになった。そんな彼女たちの心を奪う商品を作れないだろうか。

考えた末に、昇が目をつけたのは清里だった。

まず東京からも名古屋からも行きやすい。アンノン族からも絶大な人気を誇る。

彼女たちを観察していると、いったい何を持っているのだろうと不思議に思うほど荷物が多い。大荷物を抱えての旅となると、移動しやすい観光地を選ぶだろう。いくら女性の旅が流行しているとはいえ、そこはお小遣いが限られている女子大生やＯＬである。東京から二時間半ほどで行くことができる清里は便利で、交通費もそれほどかからない。加えて、夏は涼しく、冬はスキーを楽しむことができる。

何よりも、清里はハイカラな感じがする観光地だった。それはここを開拓したのが、アメリカ人のポール・ラッシュという人物であったことも関係していただろう。ポール・ラッシュは関東大震災で倒壊したYMCA会館を再建すべく来日したアメリカ人だ。彼は仕事を終えたらすぐに帰国する予定だったのだが、立教大学で教鞭を執《と》るよう説得され、一年だけの約束で日本に残った。そして、日本の学生たちを教えるうちに日本を愛するようになり、離れられなくなった。

ラッシュは一度は帰国したものの、日本への思いを断ちがたく、再び来日し、学生たちのために八ヶ《やつが》岳《たけ》の山裾に清泉寮《せいせんりょう》という祈りの場を作った。それが清里の礎《いしずえ》となったのである。それだけに、小さな外国のような雰囲気があった。

清里でキーホルダーを売ってみる

西洋の香りが満ちた清里には、女性向けに乗馬ができる施設もあった。昇はそこに目をつけた。八ヶ岳の麓、清涼な空気のもとで乗馬を楽しむ。アンノン族でなくても、誰もが行ってみたくなる魅力に満ちている。

「思い立ったがすぐ実行」と考え、昇は早速、出かけてみた。そして、驚いた。とにかく女性があふれている。皆、清里を心から楽しんでいるのが見て取れた。

清里に観光牧場があるのは以前から知っていた。しかし、そこに大きな土産物屋が併設されていることは、行ってみて初めてわかったことだ。観察していると、土産物が飛ぶように売れている。商売とは現地に行ってこそわかることが多いと実感する瞬間だった。

「そうだ、すっかり忘れていた。女性は買い物が好きなのだ」昇は盲点を突かれたような思いになった。と同時に、彼女たちに向けてお土産物を作ってみようと思い立った。女性向きの革製品として、何が一番ふさわしいのだろう。既に作っているコースターはいいとしても、灰皿はあまり売れないだろう。女の子はもっとかわいいものが好きだ。小さくて、手触りがよく、値段も手頃なものがいい。お土産として持ち帰るのが楽なように、軽いものでなければならない。

　考えた末、牧場の名前が入ったキーホルダーを試しに作ってみた。清里で馬に乗った思い出が詰まったキーホルダーを都会で持ち歩く。これは悪くないアイディアだ。

　知人に頼み、お土産店に置いてもらうと、思った通りキーホルダーはよく売れた。単価は安いものの、何個もまとめて買ってくれる。馬具に比べたら、利幅が大きいとは言えないが、今はとにかく売れる商品を作ることが大切だ。自分は馬具屋なのだから馬具を売るべきだ。今までの昇だったら、そう思ったかもしれない。けれども、嬉しそうにキーホルダーを選ぶ女の子たちを見ていると、革の製品を扱う喜びを感じた。その姿は、サドルバッグを抱えていそいそと乗馬クラブに向かう男性の姿にも重なっていく。

　革に触ると、なぜか人は癒やされる。太古の時代の記憶をよびさまされるのだろうか。昇自身も、商品にするための革を広げるときワクワクする。一枚、一枚が新しい出会いとなる。もしかしたら、革には人を幸福にする力があるのかもしれない。もっと自信を持とう。良いものを作ればちゃんと認めてもらえる。何よりも、職人たちは小さなキーホルダーでも手を抜かず、丁寧なステッチを施し、丈夫な製品を作っている。鞍も人を守る大事な道具だが、キーホルダーも鍵を守るという大切な役割がある。

　キーホルダーの成功に続き、コインケースも作った。牧場の名前も入れた。特別感を持たせることができるし、牧場の宣伝にもなる。女性は限定物に弱いこともわかってきた。色や形など、改良に改良を加えているうち、やがて大量注文を受けるまでになった。材料となる革も、最初は切れ端を利用していたが、それでは足りなくなり、キーホルダーやコインケース用の革を仕入れなければならなくなった。

かつて工場の片隅に憂鬱な気分で座り、革の切れ端を眺めながら、「コースターでも作ってみたらどうだろう」と思いついた日が蘇ってくる。あの日、革の切れ端は訴えていたのかもしれない。「がっかりしないで。ここにちゃんと役に立つものがあると気づいてよ」と。

革の言葉を聞き逃さないでよかった。昇は心底、そう思った。

もちろん、コースターやキーホルダーを馬鹿にせず、真摯に作ってくれた職人がいたからこそ、今日のヒット商品を生むことができた。馬具屋の意地は、たとえ製品が小さくても、製品を支える魂となる。

「新しい発注があったよ。またお願いするね」と、北海道の本社に電話で知らせながら、再び思う。「これでいいんだ。この方法で前進していこう」

清里で人気商品となったキーホルダーの噂を聞き、他の地域の牧場からも注文が入るようになっていた。東京の乗馬クラブや北海道の牧場も、乗馬クラブの新入会員のための、ネーム入りのコインケースを注文してくれる。と同時に、主戦商品である馬具も少しずつ認められるようになっていた。牧場に頻繁に顔を出したのがよかったのだろう。何よりも、改良に改良を重ねた馬具が、次第にその品質を認められるようになってきた。

まだまだ経営は苦しかったが、少しずつ少しずつ、オリエントレザーは輝きを増していた。それは磨き続けた革独特の艶に似ていた。這いずるように前進しているうちに、ようやく見つけた光明だった。

憧れの百貨店、小田急ハルク

大量注文を受注するという経験は、昇はもちろんのこと、社員たちに自信をもたらした。さらに間口を広げての商売も可能となるだろう。

日本経済が為替の変動相場制による混乱から立ち直りつつあったことも、会社に味方した。人々の間に、生活を楽しむためにお金を使う余裕が出てきたのだ。

昇は時代の風を感じ、前進するチャンスを逃してはならないと考えた。そこで、今までは余裕がなく、足を向けることのなかった一流企業やデパート、ブティックなどにも、営業に出かけてみることにした。初めての経験であり、気後れはした。怖くないと言ったら、嘘になる。けれども、何ごともやってみなければわからない。

まず目指したのは、新宿にある小田急ハルクだった。商品を置いて欲しいと思う百貨店は他にもあった。しかし、小田急ハルクは特別中の特別だった。馬具を取り扱っている百貨店として、ずっと注目してきたのだ。家具なども、デザイン重視の外国製品が置いてある。

今まで新宿の繁華街を歩き回っているときも、ハルクのショーウィンドウはまぶしいほどに華やかで、思わず立ち止まった。

ある知り合いが「私ね、自分で働くようになったら、小田急ハルクで椅子を買うって決めてるんです。高校生のとき、たまたまハルクで見た椅子に魂を奪われてしまって。この椅子を手に入れるために、一生懸命勉強して、高給取りになるって決心したんですよ」と、興奮して話すのを聞いたことがある。

昇には椅子を買うために高校の勉強を頑張るというつながりがよくわからず、「面白いですね」と応じておいたが、確かに小田急ハルクには「こんなものまで置くの？」と思うような斬新で素敵な商品が多かった。

ハルクとは、Happy Living Center の略だという。乗馬に必要な製品まで取り揃えるだけあって、どこか特殊で、たまらなく夢のある百貨店に思えた。

張り切って出かけてみると、一階のフロアの目立つ場所に馬具売り場がある。それだけで嬉しくてたまらない。もっとも、ただ喜んでいても仕方がない。さて、これからどうしよう。紹介状もなく知り合いもいないのだ。今のところはまだ、ただの百貨店のお客の一人でしかない。

仕方がないので、何度も出向いては、あてもなく売り場をぐるぐる見て回った。他に何をしたらよいのかわからなかった。それでも、次第に小田急ハルクに詳しくなってきた。

なるほど、確かにここは希有な場所だ。商品を売るというより、世界にはこんなにも美しいものがあるんですよ、と教えてくれるようだ。いるだけで楽しい。

ここにうちの鞍を置いたらどうだろう。昇は想像してみた。

うん、悪くない。

うちの製品は、ここに置いても大丈夫だ。

いや、置くべきだ。

……と、一人決心するものの、では、どうしたらいいかというと、どうしようもない。

うーん、うーんと、うなりつつも、ただ眺めているとき、それは起こった。後で考えると、奇跡ともいうべき出来事が、現実に起きたのだ。

幸運を運んでくれた人

いつものように、小田急ハルクにいたときのことだ。

目の前を一人の男性が通り過ぎていった。競技スキーの選手だった頃、親切にしてくださった方の弟さんによく似ている。確かスポーツ用品店を経営しているはずだ。それにしても、こんなところでばったり会うなんて……。そんなことありえない、と我が目を疑ったが、やはり間違いない。

　懐かしさのあまり、思わず声をかけた。

「お久しぶりです。染谷です。学生時代に、お兄さまにお世話になった者です」と。

すると、彼は笑顔で「あ、お久しぶりです。今もスキーをしていますか？」と、応じてくれた。

そこで、今は北海道に本社がある馬具製作会社の営業をしていること、スキーはとんとご無沙汰なこと、この百貨店が素晴らしいのでここに自社の馬具を置いてもらえないかなと考えていたことなどを話した。

彼に馬具を売りたいとは考えていなかった。乗馬をしない方だということも知っていた。それなのに、彼は「へぇ、そうですか。うちの店、ここでお取引させていただいているんですよ。お役に立つかどうかわからないけれど、紹介しましょうか？」と、親切に言ってくれるではないか。

まさか、そんな……。

昇は声も出なかった。

けれども、幸運とは思わぬところで、思わぬ形でもたらされるものなのだろう。驚きはしたが、この幸運を手放したら二度と手に入らないだろう。昇は即断し、百貨店の担当者に引き合わせてもらうことにした。つい先ほどまで、ただ売り場を見ていただけだったのに、商品を置かせてくださいとお願いすることができるなんて、こんなこと、あるのだろうかと、夢を見ているようだ。

しかし、ではすぐに出店が認められたかというと、そううまくはいかなかった。オリエントレザーは、鞍の品質に磨きがかかってきていたというものの、まだ無名の存在だ。小田急ハルクに製品を置かせてもらうためには、口座を開設しなければならない。しかし、担当者は「うーん、それはちょっと」と、首を縦には振らなかった。

口座開設は、なかなかに大変なことだ。デパートで商売を始める上で、もっとも難関だと言っていいかもしれない。それは取引しても安全だと認めてもらうことに他ならないからだ。小田急ハルクには、常に数多くの口座開設の申請が寄せられており、簡単にことが運ぶはずもなかった。

がっかりした顔は見せないようにしたつもりだった。けれども昇の気持ちを察したのか、仲介者となったスポーツ店の彼が「うちを経由して商いしたらどうでしょう」と申し出てくれた。なぜそんなに親切にしてもらえるのか、昇にもよくわからなかったが、本当に嬉しかった。いつの日か、ご恩返しできるように頑張ろうと思った。

その後、とんとん拍子にことは進み、一年半の間、小田急ハルクにオリエントレザーの商品が並んだ。ただ遠くから見ていただけの憧れの百貨店に、自分の会社の商品が並ぶ、その喜び。それも、主力商品である馬具が並ぶのだ。ただ一度の出会いがきっかけとなって起きた幸福だ。

悪夢のような出来事は、今まで何度も味わってきた。しかし、天から降ってきたような幸運は初めてのことだ。

しかし、それでもある人が言った。

「その幸運は、染谷さん、あなたが、あなたがご自分で呼び込んだのですよ」と。

「何度も憧れの地に足を運んだのが良かったんじゃないですか？　巡礼するように、百貨店に通いつめ、売り場を見ている。すると、見えないものが見えてきて、あなたを導いてくれたのではないでしょうか」というのだ。

その人の父親は製薬会社の敏腕営業マンだったそうだ。新人の頃、どうやって営業したらよいのかわからず、とりあえず自分の会社の商品を扱ってもらえそうな病院や医院や薬局へ向かったという。靴をピカピカに磨き、ワイシャツも高級ではないが、洗濯してびしっとアイロンをかけたものを身につけ、とりあえず、通う。

すると、段々わかってくる。相手方が何時頃が混んで忙しいのか？　どんな患者さんが多いのか？　医師の趣味は何か？　等など。

それらの知識を、紹介する商品を持っていくときの参考にすると、不思議なほど取引先が増えるというのだ。

「父はそれを自分の巡礼と呼んでいました。まあ、お参りみたいなものです。あと、酔っ払ったお得意さんに、銀座通りの真ん中で電信柱にのぼって蟬になれ！　と言われたこともあるそうです。そんなときは、迷うことなく蟬になってみせたそうです。背広のまま電信柱にしがみつき、ミーン、ミーンって鳴いたんですって」

医薬品と馬具では、ニーズが違う。売る対象も、売る場所も異なる。それでも、「巡礼」という言葉は当たっている。人の命を預かるという点でも、共通する。

何にせよ、物を売るのは楽しく、苦しい。まして自分の売るものに自信が持てないときは、苦しいだけだ。これを買ってくださいと、胸を張って言えないものを売ることは困難だ。

この世には、物を買いたい人があふれている。それ以上に、売りたい人もあふれている。商売が戦いであることに違いはないが、良いものを提供すればきっと売れる、そう信じるしかない。

小田急ハルク百貨店にオリエントレザーの商品が並んでいる。この幸福な事実を素直にただ受け止めよう。

昇はそう思うことにした。

続く幸運

幸運とは続くものなのかもしれない。

それとも、百貨店で販売を開始したことが実績として認められたのだろうか？

理由はよくわからないが、昇のもとに、また嬉しい話が舞い込んできた。北海道の本社から、福音と呼ぶべき一本の電話がかかってきたのだ。

北海道庁が中心となり、輸出をメインとして活動する企業に対して、西ドイツで行われる展示会に参加を呼びかける話があるという。オリエントレザーにも、「行ってみますか？」と、声がかかった。

兄からその話を初めて聞いたときは、「え、本当の話なの？　うちなんかでいいの？　輸出なんてしてないじゃない」と言おうとして、「いや、そんなに卑下することはない」と、思いなおした。オリエントレザーは、元々は輸出を専門とする会社だった。収益もしっかり上げていた。日本を襲った円高の影響で、今は輸出の世界から撤退を余儀なくされ、国内向けの仕事に努力を傾注しているが、海外進出の夢をあきらめたわけではない。輸出企業としてのノウハウは持っているという自信もあった。

海外へ製品を輸出し、利益を上げていた頃を改めて思い出しながら、昇は決心した。

駄目で元々、とりあえず応募だけはしてみよう、と。

すると、北海道の本社から電話があった。兄から「あの話、通ったよ」と知らされたときは、本当に嬉しかった。今まで数々の苦労に耐えてきた兄である。弟が再び海外へ向かうことを感無量の思いで受け止めてくれただろう。

あまりの嬉しさに、知らせを聞いたときは、「本当なの？　騙されてない？　冗談じゃないの？」と、一歩引きそうになった。けれども、とにかく挑戦しよう。せっかくの申し出である。行ってみない手はない。

世界を相手に勝負できる鞍が出来上がっているとは、まだ言えなかった。けれども、乗馬クラブの田村オーナーのアドバイスと、職人の頑張りによって、改良は進んでいる。時期尚早かもしれないが、商売とはチャンスを逃さない姿勢がものを言う。

フランクフルトでの展示会

一九七七年、昇は憧れのヨーロッパへ向かった。馬具の本場であるドイツへ向かうことができるなんてと、ワクワクしながらの出発となった。

ところで、馬具というと、私たちはまずイギリスを思い浮かべる。しかし、馬具の品質にかけては、ドイツにかなうものはない。もちろん、イギリスの馬具にも長い歴史があり、素晴らしい伝統を誇るメーカーが多いが、一方で、あまりにも堅牢すぎ、重くて無骨な面があることは否めない。

一方、ドイツの馬具は丈夫でありながら、優雅さを失わず、他の国には真似できない使いやすさを誇る。

「ようし、この際、本場のドイツの馬具を見てこよう」

まだ二十六歳の昇にこわいものはなかった。それでも、精いっぱい準備を整えようと、担当者に尋ねた。

「まずは何をしたらいいのでしょう。今からドイツ語を勉強するには時間が足りないですね」と、不安げに問う昇に対して、担当者は笑いながら言った。

「大丈夫ですよ。ガイドもつきますし。ただ、まずはパスポートを取ってください。もうお持ちかもしれませんが」

　このときが昇にとって初めての渡航だったから、まずすべきなのはパスポートを取ることだった。

ドイツで身が縮む

　オリエントレザーからドイツへ派遣される社員は、昇一人だった。しかし、視察団を組んでの参加なので心強い。とくに、これから伸びるであろう企業が選ばれており、先輩の話を聞くだけでもためになる。ここは若さの特権とばかりに、様々な話を聞かせてもらった。移動しながら、経営学の授業を受けるようなものだ。それも経験を基にした貴重な話ばかりなのだから、それだけでも参加した甲斐があったというものだ。

　フランクフルトに着くと、すぐに展示会場に向かった。手伝ってくれる助手がいるわけではないので、黙々と一人で展示ブースを設営し、日本から運んだ製品を丁寧に並べた。海外では、どのようにして商品を陳列するのが効果的なのかもよくわからない。迷いはしたが、背の高いドイツ人の視線にぱっと入るよう、なるべく壁の高いところに製品を置くようにした。簡単なドイツ語も頭の中で復唱した。大学では、第一外国語は英語、第二外国語はフランス語を選んだので、ドイツ語はまったくわからなかったが、挨拶くらいは覚えておいた。

生まれて初めてのヨーロッパである。周囲には名所旧跡が満ちあふれている。しかし、そんなことを考える余裕はなかった。頭の中は、展示会のことでいっぱいだ。

展示会の後は、イタリア、フランス、イギリスを視察するスケジュールが組まれている。旅を楽しむのは、それからでいい。こうしてはるばるやって来たのだ。吸収できるものはなんでも吸収し、ヨーロッパの馬具について学びたい。ヨーロッパに短期留学するつもりで頑張ろう。

もちろん、まずはその前に、展示会を成功させなければならない。お世話になったＪＥＴＲＯへの恩もある。ＪＥＴＲＯは日本貿易振興会（現在は日本貿易振興機構に名称変更）の略称だが、日本の企業が海外と貿易するとき、その間に立ち、交渉が有利に進むようアドバイスをしたり、関税問題を処理してくれたりする。今回、ドイツでの展示会に参加できたのも、ひとえにＪＥＴＲＯのおかげだ。

こうして、いよいよ展示会が始まった。期間は一週間。なんとか持ちこたえなくてはと、武者震いする思いで朝を迎えた。

「日本の馬具だって？　サムライの国から来たんだね」と興味を示し、足を止めてくださる方もいるだろう。展示ブースの前に直立不動で待っていると、昇の期待はすぐに実現した。

それも、初日に。

一人の外国人紳士がブースに入ってくるや、展示されている馬具を丁寧に見始めた。商品の扱い方も丁寧で、見るべきところをきちんと確認しており、プロだということはすぐにわかった。

しばらく見入っていた彼だったが、振り向くと、昇の目をしっかりと見つめ、質問してきた。

「この鞍について、お聞きしたいのですが……。卸価格はどのくらいですか？」

慣れない英語にドギマギしながらも、正直に答えると、外国人の多くがそうであるように、オーバーアクションで驚いている。

「え!!　Oh my god!!」

「えっ？　そう？　そんなに驚かれるようなこと？」と、心の中であたふたしつつも、平静を装い、「はい、そうです」と答えると、「それでは我が社と同じじゃないか！　おぅ！　信じられない」と、驚いたままだ。どうやら、あきれているらしい。

トホホである。こちらが、「あぁ、神様、助けて」と言いたいくらいだ。頑張っているねと言ってもらえると錯覚したのだが、それは大きな間違いであった。

つまり、彼は、「卸価格が安いのなら納得できるが、これでは話にならない」と言いたかったようだ。

まいったな。

初日から躓いてしまい、昇は身が縮む思いだった。

けれども、それはわかっていたことだった。ヨーロッパで受け入れられるには、まだ未熟な製品なのだ。もっと努力しなければならない。そのヒントをつかむためにドイツまで来たのではなかったのか。

後でわかったことだが、ブースに来た紳士は、ドイツの馬具トップメーカーである会社の役員だったらしい。世界の第一線で活躍する超一流の皮革メーカーだ。そんな彼に、ちょっとでも興味を持ってもらえただけでも、幸福に思わなくては。

しかし、同じ卸価格でありながら、製品の質がまったく違う。これは勝負にならない。がっかりしつつも、また思った。「なんとかしなくちゃ」と。ここで、尻尾を巻いて帰るわけにはいかない。

つらく、情けない思いを抱えてはいたが、昇は笑顔のまま、一週間、ブースに立ち続けた。何か質問されると、ごまかさず、本当のことを言った。「これが我が社で今できる、精いっぱいのことなのです。まだ勉強中です」

そして、泣きたくなりながらも、これから先のことを思った。会社の仲間は一生懸命やっている。職人たちは、真心をこめた製品を作ろうと毎日、努力している。それでも、今はまだヨーロッパの人たちに胸を張って見せることができるような製品にはなっていない。しかし、たとえ馬鹿にされても、いつの日か「ほぉ、やるじゃないか！」と感嘆されるようになると、信じよう。それに、楽しみにしていた視察旅行も待っている。そう思いながら、昇は肩身の狭い思いに耐えて、一週間、ブースの前に立ち続けた。

ヨーロッパひとり旅

展示会は、全体的には好評のうちに幕を閉じた。一緒に出店したのは、全国から三十社ほど、岐阜の刃物メーカー、東京のライターのメーカー、千葉の鍋メーカーなどだ。異業種の会社ばかりだったが、周囲の人たちに昇は同志的な思いを抱いた。そうした思いが通じたのか、皆、大変親切だった。

展示会の後、行われる視察ツアーも、最初は一緒に回るつもりでいた。ところが、フランクフルトで出会ったＪＥＴＲＯの駐在員が、オッフェンバッハという町で、皮革製品見本市が開かれていることを教えてくれた。それを聞くと、胸がざわざわしてきた。是非、見てみたいと思う気持ちを抑えられない。わがままな願いだとわかってはいたが、次にいつヨーロッパに来るチャンスがあるかわからない。当分の間は無理だろう。だったら、目いっぱい勉強して帰らなくては。

昇は現場を大切にする主義だ。かつてデパートで口座を開こうとしたときも、とにかく現場に行ってみたからこそ、道が開いたと思っている。ましてや革の本場であるヨーロッパに来ているのだ。現場に身を置かずになるものか。

幸い、視察ツアーの主催者の人たちは「一人で大丈夫？」と心配しながらも、単独行動を認めてくれた。止めても無駄だとわかっていたのかもしれない。

嬉しかったが、同時に、心細かった。ガイドもいない、言葉もできない、地理もよくわからないの、ないないづくしだ。そんな状態で、電車やバスを乗り継ぎ、目指す会社やお店に到達できるのだろうか？

それでも、昇は出発した。到達できるのだろうか？　ではなく、到達しなくてはならないとわかっていたからだ。

まず最初に向かったのは、もちろんオッフェンバッハだ。西ドイツのヘッセン州、フランクフルトの東に位置するここは、工業都市として知られる町だ。十七世紀末に移住してきたユグノー教徒たちが産業を興し、発展させてきたところだ。ユグノーとは、フランスで改革派教会またはカルヴァン派として知られるキリスト教徒だ。彼らはカトリックからの迫害に苦しんだが、オッフェンバッハでの彼らは皮革産業に従事するようになり、後にその製品は品質の高さで知られるようになった。

革の町と言われるだけあって、オッフェンバッハの皮革製品見本市は大規模なものだった。革産業に身を置くものにとって、その展示の仕方を見学するだけでもためになった。見本市をくまなく見学しながら、昇は来た甲斐があったと思った。革製品や馬具の出来映えはさすがに素晴らしく、見とれてしまうほどだ。予想通り、いやそれ以上にクオリティが高い。長い歴史に裏打ちされた見事な世界に、果たして自分たちは追いつくことができるのだろうか。

オッフェンバッハで皮革製品づくりが発展した理由は、迫害を受けたユグノー教徒たちが三世紀にもわたって働き続けたからこそかちえたものだという。日本の小さな会社が、頑張りだけで太刀打ちできるものなのだろうか。かつてそうであったように、価格を抑えた製品を海外に向けて輸出するのは、この先、望めそうもない。かといって、果たしてあとどのくらいの時間をかけたら、高品質の馬具を作ることができるようになるのか。

昇は考え込んでしまった。

以前から、馬具だけでやっていけるはずがないと感じてはいた。かといって、コースターと革を巻いた灰皿、キーホルダーなど、その場かぎりの注文を受けて納品するのは、心許《こころもと》ない。一生懸命やってはいるものの、ニッチな産業であり、利益は知れている。いつかまたオイル・ショックのような経済危機が起きたら、果たして生き残ることができるのだろうか。社員を守るために、いつか来る危機に備えるには、何をしておくべきか。

考えても考えても、答えは出ない。それでも、今はとにかく、前進しなくては。

ヨーロッパに滞在できる時間は限られている。悩みは悩みとして一旦は胸にしまいこみ、予定通り、イギリス王室御用達のメーカーや有名なファッションメーカーを見て歩くことにしよう。

そう決めた昇は、持ち前の明るさを取り戻していた。

一番行きたかった場所、それはエルメス

今回の旅で、どうしても行ってみたいと願っていた場所があった。フランクフルトよりも、オッフェンバッハよりも、行きたい場所。それはパリにあるエルメス本店だ。革製品を扱う商いをしているものなら誰もが憧れる場所を自分の目で見たかったのだ。

エルメス本店のショーウィンドウは、「エルメス劇場」と呼ばれるほど独特な世界を作りだしていると聞いていた。できることなら、自分の目で見てみたい。その願いがとうとうかなう日が来たのだ。

エルメスのショーウィンドウは見たものをエルメスの世界に誘いこむ。商品を買わなくても、店には敷居が高くて入れなくても、ショーウィンドウを眺めていれば、エルメスの世界に没入で

きる。

それだけではない。

バッグやスカーフや鞍をウィンドウ越しに見ることによって、職人技や卓越したデザインに触れることができる。その意味で、ショーウィンドウは、人間と製品が触れあう最初の場だ。

昇は初めて見るウィンドウを前に立ち尽くした。疲れなどふっとぶ美しさだった。

エルメスに見参！

はるばるパリまでやって来たのだ。ウィンドウだけで満足していないで、中に入ろう。日本を出発するときから、エルメス本店に行くのを目的として掲げていたのだから。

だが、しかし……。

昇には引っ込み思案なところもある。まして、婦人用の商品が多いエルメスは、入りにくいことこのうえない。

それでも、やはり……。

扉を前に、昇は一人、深呼吸をした。

怖じ気づく必要などどこにもないと、自分に言い聞かせてみた。一人のお客としてやって来たのだ。まさか出て行けとは言われないだろう。それに、敷居の高さを乗り越える手立てもちゃんと講じていた。もしエルメスに行ったら、馬具を買ってきてくれと、友人に頼まれていたのだ。

立派なお客様であることに間違いはない。

エルメス本店を前にして、いっときはひるんだが、その外観が想像していたより堅実なことに好感を持った。職人技を売る店はこうあるべきだ。さすがエルメス。飾りすぎない品の良さがある。

それでも、店の中に入ると、やはり圧倒された。スタッフから投げかけられる視線に、すべてが物語られているようだった。

「誰かしら、この人？」

「お客様？」

「ただの観光客じゃない？　何しに来たの？　冷やかし？」

直接、そう言われたわけではない。ただ、そう言われているように感じた。それでも、とにかく片言の英語で、「この馬具を注文したいのですが」と、メモを見せた。

無事、買い物を済ませ、店の中を見て回るうち、昇の心はエルメスに魅了されていった。好奇心が緊張に勝ったと言っていいだろう。気づいたときは、店内をなめるように見ていた。こうなったら、全部の商品を見てやるぞ。隅から隅まで、頭の中に焼き付けていこう。そう思いながら、ぐるぐる回っていると、上の階に何かあるのに気づいた。どうやら小さな美術館になっているらしい。一般の客が見ていいのかどうかよくわからない。

それでも、見たい。見たくてたまらない。

しかし、看板がある。フランス語だったのでよくわからないが、立ち入り禁止ということなのだろう。

結局、見たいと思う気持ちを鎮めることはできず、とりあえず前進すると、案外すんなりと中に入ってしまった。そこには、馬車や古いバッグなどが展示されていた。その技術の素晴らしさ、デザインの美しさに息をのんだ。まるでバウムクーヘンのように、エルメスの歴史が層になり、輝いているかのようだ。

ああ、なんて素晴らしいのだろう。夢のようだ、と感動し、立ち尽くしていたら、ガードマンに見つかってしまい、ものすごい剣幕で叱られ、つまみ出された。申し訳ないことをしたとは思うが、興奮はおさまらなかった。

これが、昇とエルメスの初対面であり、その後、長く続く幸せな記憶となった。

運命が変わった日

この日、エルメスは一人の男の運命を変えた。

エルメスというブランドには、そういう力があるのかもしれない。悲しいことがあったとき、エルメスのウィンドウを眺め、とりあえず今日は眠って、明日からまた頑張ろうと思う人もいるだろう。その美しさに触れ、いつかこの手で、エルメスのスカーフを妻や恋人に贈ることができるくらい稼いでやる、そんな風に決心する人もいるはずだ。

昇もそうだった。

フランクフルトでさんざんな目に遭ったばかりだったが、彼の胸には新しい希望が輝き始めていた。エルメスに倣って、美しい革製品を作ろうと改めて強く思うようになったのだ。

その決心が、萎《な》えかけていた心を明るくしていた。

もちろん、会社のメイン事業である馬具の製作は、会社がある限り続けていく。そこに迷いはなかった。しかし、それだけではあまりにも不安である。会社を安定させるために、馬具の技術を生かしつつ、何か他の製品を作らなければならない。

それまでは、馬具を抱えて、日本全国を駆け回ってきた。しかし、頑張れば頑張るほど、馬具だけを作っていては会社はやがて立ち行かなくなるという思いにとらわれた。それは悲しいけれど、現実でもあった。

もし、馬具の製造・販売をしながら、もっと一般のお客様向けの革製品を製造すれば販路は開けるはずだ。今や皆の憧れの的であるエルメスも、馬車具や馬具の技術をバッグや小物などの製品に生かすことによって、世界のエルメスとなった。では、オリエントレザーは、いったい何を作ればいいのだろう。自分の心に問うてみても、まだ具体的にこれというアイディアは思い浮かばない。

ただし、結論は出ていた。

作るべきは美しいもの。それに尽きる。

馬具という、この世でも類《たぐ》い稀《まれ》な美しい道具を作る技術を持っているのだ。きっとできる。たとえどんな困難にあおうとも、実現させてみせる。

エルメスでの決意は、日本に帰国しても変わることなく、燃え続けた。

世界に教わったこと

パリのエルメスでの経験がすべてではなかった。フランクフルトの展示会での冷や汗をかくような経験、オッフェンバッハで得た膨大な情報、そして、歩いているだけで嬉しいシャンゼリゼ通りの華やぎ。これらすべてが、昇にオリエントレザーがこれから目指すべき世界を示してくれた。

　帰国するや、昇は早速、兄の純一にヨーロッパで経験したことを洗いざらい伝えた。そして、馬具を製作しているだけでは、この先うちの会社は生き残ってはいけないという思いも吐露した。

　これまでも、馬具以外の製品を作ることによって収益を上げてきた。しかし、それはあくまでも馬具製作の傍らでの仕事だ。これからは、社員の生活を安定させるためにするべきことを見つけなければならない。そのためには、違うジャンルの革製品を製作したい。

　考えた末、オリエントレザーが誇る技術を使って作るべきなのは、鞄ではないかという結論に達した。それも、まずは男性用の鞄を作ってみよう。取り扱っている革の品質には自信があった。馬具を作るための上質な革だ。その革を使い、馬具を作るときのように丁寧な縫製を施せば、消費者の心をつかむ製品ができるはずだ。鞄は馬具より使う人の数が格段に多く、市場としては魅力的だ。

　純一も弟の考えに賛成し、「わかった、やってみよう」と、うなずいた。厳しい財政事情を抱えながらも、オリエントレザーを再建し存続させるという父の望みを高く掲げ、兄弟でここまで頑張ってきた。ここでもうひと踏ん張りして、さらに会社を発展させるときが来た。

昇は東京に戻り、これまで培った営業マンとしての手腕を発揮すべく歩き回った。今までは、どちらかといえば特殊なジャンルに属するものを売ってきた。今度は、一般のお客様を相手とする鞄で勝負だ。それでも、なんとかなるだろう。そう思っていた。

ところが……。

思いがけないところから、「待った」がかかった。

百貨店やライバル会社ならわかる。ところが、肝心かなめの職人たちが、「嫌だ」と言っているというではないか。これには、まいった。あまりにも思いがけない反対だったからだ。

よくよく話を聞いてみると、昇は自分にも悪い点があったと反省しないではいられなかった。会社をなんとかしなければと必死になるあまり、馬具職人たちの仕事や、彼らが持つプライドへの心配りが足りなかったのかもしれない。

馬具を作るとき、職人たちは床にあぐらをかき、股の上に製品を抱え込むようにのせて作業をする。それが、長い間、続いてきた彼らのスタイルだ。昇は彼らの働く姿を見るのが好きだった。背中をまるめ、糸と針を動かす彼らの姿を美しいと思っていた。職人たちの周囲に道具が整然と並べられているのを見ると、意味もなく感動し、心がじーんとした。手を伸ばせばすぐに取ることができる位置に、決められた道具が決められた間隔できちんと置かれている。いちいち探さなくても、顔を上げることさえしなくても、必要な道具をぱっとつかむことができる。頭ではなく、体がその位置を覚えているからだ。

彼らは黙々と一人で仕事をしていた。誰かに道具を手渡してもらったりしない。自分自身で道具を管理し、徹底的な孤独の中で革に向き合っている。扱う革はあくまでも堅牢で、作り手に優しくはできていない。それを体中でおさえこんで仕事を進めていく。服の上から見てもわかるほど、背中の筋肉を盛り上げながら、仕事に打ち込む。その後ろ姿は、子どもの頃に親しんだ炭鉱労働者のように、実直でたくましい。

一方で、縫製作業ともなると、様子は激変する。その背中は繊細きわまりない姿に変身する。力任せに針を動かしたりはしない。革ごとの個性を読み取り、一瞬一瞬、力を弱めたり強めたりをくり返しながら、バラバラの革をつなぎ合わせ、ひとつの製品に変えていく。馬具の製作をひとことでは表すことができない。複雑で、どこか奇妙だ。馬具を「聖なるこしらえもの」と言った人がいるが、言い得て妙だ。確かに、どこか特殊で、ありえないほど美しい。しかし、製作するにあたっては、嫌になるほどの単調さに耐えなければならない。

そんな彼らに向かい、「これからは鞄を作っていくことになりましたので、よろしくね」と呼びかけたのは、乱暴すぎたのだろう。

昇は悩んだ。

しかし、経営する身としては後にはひけない。事業とはそういうものだ。会社を存続させるために、それは避けては通れない関門だった。会社がつぶれてしまっては、馬具の製作もできなくなる。それは日本で唯一の馬具製作会社の終焉を意味する。

職人たちに教わったこと

昇は、職人たちに自分の思いをわかってもらうため、工場に何度も出向くようになった。彼らの意見にくり返し耳を傾けるためだ。このまま馬具だけを作っていると、会社は立ち行かず、存続の危機に陥るかもしれないと、正直に伝えた。

そんな毎日を続けているうち、職人たちの気持ちが次第にわかってきた。「なるほど、そういうことだったのか」と、驚きもした。彼らは、鞄を製作するのが嫌だと言っているわけではなかったのだ。立って作業するのが不可能だというのだ。それだけはいくら頼まれても、できないものはできないの一点張りだ。

馬具を作るとき、職人は座った姿勢で最初から最後まで、一人で仕上げていく方法をとる。一方、鞄は、工程が細かく分かれており、チームを組んで作っていくことになる。まずは、机の上に裁断した革のパーツや必要な道具、そして、留め金などの金属部品を置き、立った姿勢でそれぞれが自分に与えられた作業に従事する。

鞄と馬具は違う製品だから、作り方が違うのは当然のことだ。しかし職人の立場からすれば、「明日からは馬具職人ではなく、鞄職人になってもらいます」と言われたような気持ちになったのだろう。

昇が心から、「申し訳なかった」とあやまると、職人たちは饒舌になった。

「そりゃあ、鞄は立った姿勢で作るのだろうとは思うけど、無理なものは無理だよ」

「そうだよ、どうやって作れっていうの」

「良い馬具を作れっていうなら、必死でやるよ。ていうか、今までもやってきたでしょ。でも鞄となるとね。ウチで作るべきものなの？」

……という具合に、怒りというより、困惑した言葉が次々と繰り出される。

そうか、それもそうか。まいったなと、昇は頭を抱えた。確かに、日本の伝統では座って物を作るのが従来の方法だった。

たとえば、和裁士は正座して、絹の布を胸の前でぴんと張り、一針一針、心をこめて縫い込みを進めていく。針山に必要な針を順序よく並べ、指ぬきで針を安定させ、力を加減しながら芸術品というべき着物をこしらえる。うつむき加減の姿勢で正座し、ひそやかに針を進める。長年にわたってそうした技術を継承してきた和裁士に向かっていきなり、「今日からは立って洋服を縫うことになりました」とか「ミシンも使ってください。最初はやりにくいかもしれないけれど、そこのところ、よろしくお願いします」と頼んでも言うことを聞いてくれるとは思えない。

職人たちは、自分の仕事に誇りを持てば持つほど、保守的である。寡黙で実直な態度は尊敬に値するが、それだけ頑固者揃いだともいえる。説得するには大変なエネルギーが必要だ。

それでも、やらなくてはいけない。

染谷兄弟は頑張った。

「気持ちはわかる。いきなり鞄だと言われて、はいそうですかと簡単に答えることができるような仕事をしてはいないと知っている」

「けれども、会社をつぶしてしまっては、その技術を伝えることさえできなくなる。そこのところをどうか理解して欲しい」

「馬具を作り続けるために、鞄を作るんだ。やらなきゃならないこともあるんだよ」

「石炭産業だって、時代の波にのまれて消えてしまったでしょう。もう一度、あの思いを味わうのは嫌だろう」

「これは生き残りをかけた戦いだ。みんなで乗り切らずしてなんとする」等など。

必死の説得が功を奏したのか、次第に、染谷兄弟の言葉に耳を傾ける人が増えてきた。

結局、全員が立った姿勢で仕事を始めるまで、三年の歳月が必要だった。石の上にも三年というが、職人たちを説得するにも同じ歳月を費やしたことになる。

ところが、である。一旦、納得するや、彼らはその職人魂を鞄の製作に注ぎこみ始めた。抵抗したことが嘘のように、「ここはこうやって縫わないと、鞍とは違うんだからさ」とか「革の性質を考えて、裁断していかないとね」など、次々と意見を言ってくれる。それも、立ったままで。

昇は嬉しかった。かねてより、作り手と売り手の気持ちが通い合ったとき、会社はたくましさを増していくと考えていたが、今まさに、それが起きている。均整のとれた両輪が揃ってこそ、ひた走る馬車となる。右によれたり、左に外れたりすることなく、まっすぐに進むためには、バランス、それが何より大切だ。商売にも同じことがいえるだろう。

走り出した職人たち

とうとう職人たちが納得し、走り出す日が来た。次に頑張るのは自分だ。昇はそう思い、北海道から東京へ戻り、新商品となった鞄を売るため、営業を開始した。かつて乗馬クラブを回り、居候までして馬具を売ろうとした日々を思い出しながら。

もちろん、営業の方法は変えるべきだとわかっていた。馬の名前がついたバーやレストランにいきなり飛び込んだのも、今となっては良い思い出だ。しかし、鞄となるとそうはいかない。鞄はファッション用品である。「よくわからないけれど、なんだか素敵」な雰囲気を漂わせる必要がある。馬具と違って、命をかける道具ではない。乗馬のように、特殊な人だけが持つものでもない。ほとんどの人が鞄を既に持っているし、何度も買った経験もある。それだけに目が肥えているといえるし、何よりも、種類が多い。

一方で、新しい鞄は絶対に必要なものというわけではない。しかし、持つなら格好が良く、丈夫で、自分を素敵に演出できるものにしたい。それが鞄というものだろう。

オリエントレザーの新しい旗揚げとなる鞄を紹介するにあたって、自分は何をしたらよいのだろう。昇は頭を絞って考えた。そして、目標は高く掲げなくてはと、有名ブランドを相手に営業を試みることにした。

東京での暮らしにも、営業の方法にも、自信がついてきていた。美しいものを見る目も養ったつもりだ。昇は有名ファッションブランドに出かけ、商品の企画やデザインなどをまかせてもらえないだろうかと頼んで歩いた。しかし、うまくいかない。聞く耳を持たないという感じの会社もある。想像した以上に、鞄はライバルが多く、既に取引先が決まっているところがほとんどだ。

頑張っても頑張っても、企画が通らない日が続いた。

そんなはずがない、と、昇は思った。馬具職人たちが、文字通り「立ち上がって」作った鞄である。品質には自信がある。馬具を作るときに使う最高の革を惜しみなく使った製品だ。会社でも一番の目利きが買い付け、できうる限り最高の技術でなめしたものを、馬具を作るときに用いる手法で丁寧に仕上げている。丈夫で、がっちりとした戦車のような雄々しさを感じさせる鞄。持っているだけで、仕事の相手を圧倒できるパワーがこもった鞄。これほど手がかかった製品はない。そう誇ることができる自信作である。

それなのに、反応は良くない。

まず聞かされた感想は、「重い」という言葉だった。「日本人はこれほど鞄の重さを問題とする国民だったのか」と驚くほどだ。昇が取り出した商品見本を見て、多くの人が、「へぇ」と興味を持ち、「ちょっと、持ってみていいですか」と身を乗り出す。……と、ここまではいい。ただし、すぐに「ちょっと重いですね」という言葉が返ってくる。

「不格好だ」と言われたりもした。確かに、丈夫さにこだわった分、デザインはかっちりとしすぎていたかもしれない。けれども、それこそが売りなのだ。日本人の男はこれほど腕っ節が弱いのかと八つ当たりしたくなるほど「重い」「武骨」という感想が多かった。昇はどう返事をしたらいいのかわからなくなった。どこをどう直せばいいというのだ。泣きたくなった日もある。

昇はどうしたらいいのか考え続けた。考えないではいられなかった。会社の方針を変えてまで、鞄を製作すると決めたのは自分だ。ここで引き返すわけにはいかない。食事しているときも、人と話しているときも、休みの日もとにかく、鞄のどこを改良したらいいのか、どうしたらわかってもらえるのか、重さを改良するべきなのか、考え続けた。

家族も一緒に悩み、考え、意見を出してくれた。

そんなある日のこと、満員電車に乗っているとき、鞄を持つのがつらいと感じる自分を発見した。そもそも東京の電車の混み方は異常である。当時、ラッシュのときの乗車率は三百パーセントとまで言われ、乗りきれない乗客を押し込むための「押し屋」と呼ばれるアルバイトまで用意されている。

足が浮いてしまうほど混雑した電車の中で、日本のサラリーマンたちは、背広を着てネクタイを締め、神妙な顔で電車に揺られている。夏は蒸し暑いことこのうえない。冬は冬で着ぶくれしている分、さらに混む。まさに地獄のラッシュだ。しかし、そんな中でも新聞を丁寧に小さく折りたたみ、読みふけっているサラリーマンがなんと多いことだろう。

みんな必死なのだ。こういう男たちを助ける鞄を作りたい。昇は思った。大事な書類や財布を守ることができる鞄、武骨と言われようと滅多なことではへたらない鞄、馬の背にのせる鞍のように、我が身をまかせることができる、そんな鞄。デザインにも凝り、ファッションセンスを感じさせる製品にしたい。馬具のように、道具としての機能を果たしながら、品格も持ち合わせたものにしたい。品質には自信がある。使ってみれば、良さがわかってもらえるはずだ。多少、重いかもしれないが、「おっ」と驚くような鞄を提供する。

もう、あきらめようかと思う日もあった。しかし、あきらめてなるものか、と思いなおす、そんな日々が続いた。

振り返ってみると、競技スキーの選手時代、山の天候がくるくる変わるのに悩まされた。雲ひとつない青空を見上げながら、気分よく滑っていると、いきなり雲行きがあやしくなり、猛烈な吹雪に遭遇したりする。そんなとき、なんとか吹雪をやり過ごすことができたのは、自分を守ってくれる質の良いアノラックやスキーの道具、そして靴下やゴーグルなどだった。自然の脅威を前にすると、他に頼れるものはない。誰も助けてはくれない。それでも道具は、道具だけは、自分の身に寄り添い、守り続けてくれた。

鞄だって、格好は少々悪くても、持つ人を守り、励ますものがあっていいはずだ。とにかく、製品を信じよう。自分が良いと思うものを売るのが営業の基本だ。

昇は自分自身に問うてみた。「これは大事な友達に贈りたくなる鞄か？」と。迷うことなく、答えは「イエス」だ。それなら、門前払いをくわされても、負けてはいけない。いつかは誰かがわかってくれる。

昇はそう信じていた。

ファッショナブルな革小物の製作

武士は食わねど高楊枝、と言いたいところだが、人間は食わねば生きていけない。家族を食べさせ、従業員に給料を払わなくてはならない。それは重荷となって、昇の肩にのしかかっていた。それでも、嬉しいことに、オリエントレザーが作る鞄は馬具屋が作る鞄として、少しずつ理解を得るようになってきていた。しかし、売れ行きはまだ好調とはいかない。

では、どうしたらよいのだろう。武士ではないのだから、なんとかしなければならない。

考えついたのは、今までも作ってきたニッチな革製品から定収入を得ることだった。それもなるべくファッションにシフトチェンジしたものがいいだろう。

元々、革小物の製作は得意な分野であり、既にキーホルダーやコースターで培った実績がある。会社がピンチに陥る度に、小さいけれど、確実に愛される製品を作ることによって苦境から抜け出してきた。だから、一流ブランドへの売り込みを続けながら、ファッションセンスのある小物製品を作っていこう。革製品ならなんでも引き受けられる能力があるはずだ。

これまでも、革製のピストル・ホルスターや電気工事のときに使う道具入れなどを作ってきた。スキー選手だった経験から、スキーのストックも作った。スキーストックは竹でできていたが、グリップの部分は革製だったのだ。ニッチといえばニッチな商品だが、頼まれれば、だいたいの革製品を作ることができるのが強みだった。

自分たちで作ったものだけに、メンテナンスはお手のものだった。使い込まれて革が傷んだり、縫い目がほつれたりした製品が工場に持ち込まれても、誰かが「俺、やるよ」と、手をあげた。使い捨てが流行する時代に、遅れていると言われればそれまでだった。しかし、商品を使い捨て、新しいものに買い換えて欲しいと願う職人はいなかった。いつの間にか、それがオリエントレザーの特徴となった。

割れてしまった陶磁器を漆を使って直す金継ぎという手法があるが、職人たちは革の金継ぎ師のようだった。彼らは傷んだ製品を前にしても、「よくぞここまで使ってくれたな」と、むしろ嬉しそうだった。そして、メンテナンスを丹念にくり返した。自分が作った商品である。自分の子どものように大切だ。傷んだ部分を補修するというよりは、少し元気を失った子どもに活力を与えているように見えた。

V

ソメスサドルの時代を作る

新しいぶどう酒

「馬具職人が作る革鞄」は、その独自性が受け入れられ、次第に注目を集め始めた。すると、作り手の思いも高まっていく。もちろん、すべてがうまくいったわけではない。商売の世界は厳しく、一流ブランドとの交渉も相変わらず続いていたが、なかなかまとまらなかった。

それでも、一九八五年、染谷兄弟は思い切った勝負に出た。社名を変更することにしたのだ。新しく自分たちのブランドを立ち上げ、事業の刷新をはかる。それは悲願でもあった。北海道の工場で、誠実に物を作り続けてきた社員に報いるためにも、どうしても自社の名を刻印した製品を作りたかった。

他社ブランドの製品を作っている方が、会社としての安定が望めるのかもしれない。依頼される数も多く、一定の収入が約束される。

しかし、馬具屋の意地と誇りを見せたいと思う気持ちを捨てることはできない。そうでなければ、職人たちにも申し訳がたたないではないか。彼らは座って仕事をするというスタイルを変えてまで、会社の方針に従ってくれた。最初のうちこそ戸惑いを見せたが、結局は会社のためならと、立って鞄を作るようになっている。

そんな彼らのために、そしてもちろん、会社のためにも、ここは新しいブランドを立ち上げ、新しい名前で勝負したい。自社の工場で生産した製品を直接発信する、ファクトリーブランドを目指すのだ。

聖書のマタイによる福音書の9章にこういう言葉がある。「新しいぶどう酒は新しい革袋に入れるものだ」。そのとき昇の心には、この言葉に似た思いが宿っていたはずだ。企業家としての経験と勘が、新しい何かを表現したり作ったりするとき、そこにはそれに応じた新しい形式がどうしても必要だという。

オリエントレザーは、父が守ろうとして、結果的には命を差し出すほどの情熱を注いだ会社だ。染谷兄弟は父の思いを受け継ぎ、その灯りを消さないように奮闘してきた。

今こそさらに一歩前進し、父の残したかつての革袋＝オリエントレザーを、新しい革袋＝新しいブランドに変えるべきときが来た。

新しいブランドの名は、考えた末、三文字にすることになった。語呂がいいし、頭に残りやすい。調べてみると、三文字の名前が流行していることもわかった。あれがいいとか、これがいいとか、さんざん知恵を絞ったものの、結局、一人の人物に一任することにした。昇が大学のスキー同好会を指導しているうちに親しくなった仲間のひとりだ。彼はフランス語にも堪能で、センスもいい。

提示されたのは、フランス語で頂点という意味のソメ（SOMMET）を使うのはどうだろうという案だった。それを「ソメス」と発音することで、おさまりの良い名前とし、ブランドの名前とした。

それに伴い、会社名も「ソメス」にちなんで変えようということになった。もちろん、オリエントレザーという名称を変えても、馬具屋であることはずっと大事にしていかねばならない。そのために、どこかに馬具の名を入れたい。そこで、馬具づくりの根幹であるサドルという単語を選び、ソメスの語に鞍＝サドルをつなぎ、「ソメスサドル＝最高の鞍」としよう。

いずれはヨーロッパで勝負したいという願いをこめ、外国語としておかしくない言葉かどうかも徹底的に調べた。日本語では素敵な名前でも、海外では、到底、受け入れられない名称になることもある。

そして、とうとう心を決めた。会社名は「ソメスサドル」、ブランド名は「ソメス」とする。

商標登録のため、特許庁に通う毎日が始まった。既に同じ名前があるのではないかと心配だったが、無事、登録を済ませることができた。当然、製品に刻印するロゴも必要となる。会社の皆で知恵を絞った。専門のデザイナーに頼む余裕はなかった。何もかもが手作りである。ロゴなど作ったことのない社員たちが考えたのは、オーバル（楕円形・卵形のような曲線）の形にソメスのＳ字をあしらったものだ。昇はこのロゴを大変気にいっていた。なんといっても、皆で考えたものだ。ソメスサドルのために、一番必死なのは、当事者である自分たちに他ならない。

こうして二十年ほど親しんできた「オリエントレザー」は「ソメスサドル」として生まれ変わった。いわば、古い革袋から新しい革袋に変身を遂げたのである。もっとも、社名が新しくなろうとも、これまで通りの手法で地道に商売を続けていく姿勢に変わりはなかった。

無事に大仕事を乗り越えた昇は、ほっとすると同時に、これからが大変だと思った。しかし考えてみると、大変ではなかったことなど、これまで一度もなかった。いつもいつも大変で、だからこそ生き残れたような気がする。だったら、これからも大変なままでいいのだろう。そんな風に思った。

ソメスサドルのブランドを広める

ブランドの立ち上げという目標を無事に達成したソメスサドルだったが、そろりそろりと手探りするような発進となった。

次に目指すべきは、ソメスの名をブランディングすること。昇はそう考えていた。

さて、「ブランディングとは何か？」について、ちょっと考えてみたい。ブランディングについて、はっきり定義できる人は、経営者や専門家だけではないだろうか。私など、さっぱりわからない。そのくせ、日常では、「ブランドものはやっぱりいいわね」などという言葉を頻繁に使っている。

しかし、では「ブランドとは何か？」と、改めて自分に問うてみると、答えは曖昧模糊としてくる。

辞書をひくと「ブランド」とは、「焼印」の意で「商標」とある。とくに名の通った銘柄を意味することが多いという。私たちはよく「あの人はブランドものばかり身につけてるわね」とうらやむ。ブランドものは高価であり、持っているだけでステータスが保証される一面がある。

かといってブランドは、庶民が到底手が出せない高価なものだけを指すわけではない。商標を見たり、聞いたりしただけで、「あぁ、あそこの製品ね」とわかるような、人々の頭に深く刻印された商標、それをブランドというのだ。

ブランドの意味はどうにか理解できても、ソメスの目指すファクトリーブランドのブランディングとなると、はてなマークが頭の中で点灯する。ブランディングとは企業にとって重要なマーケティング戦略だ。つまり、企業が持つブランドの価値を高め、消費者にメリットのあるものにするために行うしかけと言い換えてもいいかもしれない。商品のデザインやロゴ、商標や名称、そしてキャッチフレーズなど、様々な要素が組み合わさってブランドを形作っていく。

このブランディングには、決まった手法はない。こうすればできますというノウハウが載っている教科書もない。それぞれの会社がそれぞれの方法で、自分の会社をブランド化していく。そこが面白いところであり、こわいところでもある。

ソメスサドルの場合は、会社の生き残りをかけて、ソメスのブランディングに着手した。北海道の静かな環境で、高い技術を用いて優れた製品を作る。ここまでは今までと変わらない。しかし、ただ注文が来るのを待っているだけではいけない。それではやがて限界が来る。海外の有名ブランドに並ぶ会社を目指すためには、ソメスの名を広く知らしめるような行動が必要となる。

そのため、社長に就任した二〇〇九年、昇は自分の考えをまとめ、正式に明文化した。社員全体が思いを共有し、目的を実現するためだ。

それは次のような文言である。

まずは、経営理念として、「道具屋であることに誇りを持ち、社員とその家族が幸せになること」を掲げた。

そして、行動基準として、「お客さまから一流と評価される、ものづくりとサービスを提供すること」と「北海道企業として、地域の活性化に貢献すること」の二つの実現を目指したのである。

ソメスサドルにとってのブランディングとは、ものづくりを通じて、お客様との信頼関係を築いていくことであった。今までも努力してきたことではあるが、それを企業理念として改めて定めたのだ。

来場者なき博物館

ソメスブランドを立ち上げ、鞄の生産に乗り出してから六年ほどたったある日のこと、再び新しい試みが行われることとなった。

東京から北海道へ帰っていた昇は、会社の倉庫がぎゅう詰めになっていることに気づいた。ＯＥＭ製品を製作するにあたって作った見本が、知らないうちにたまってしまっていたのだ。

ソメスブランドの立ち上げはうまくいったものの、まだ鞄や馬具の製作だけではやっていけない。そのため、主な仕事は立ち上げ前から従事してきた大手の会社から請け負ったＯＥＭ製品の製作となった。ＯＥＭとは、Original Equipment Manufacturer の略語で、他社ブランドの製品を製造することをさす。

大会社からの仕事を請け負うだけに、製品の数も多く、確実な収入が約束される。いわばＯＥＭ受託側が企画製造した製品を発注元のブランドで販売することになるが、だからと言って、手を抜くこともなく、職人たちは他社の製品づくりに力を注いでいた。技術が高いからこそまかされる仕事だとわかってもいた。

一日も早く、自社製品だけを作る会社になりたいという焦りはあった。しかし、できたばかりのブランドを継続させるために、ここで力をためておかなくてはならない。

かつて鞄の製造に取りかかったときも、外国製の鞄を直す仕事をしながら、上を目指してきた。ここが踏ん張りどころだ。

ただし、困ったことも起きていた。発注元にデザインを承認してもらうために作ったサンプル品や返品された商品が、知らないうちに倉庫にたまり続けていたのだ。その結果、二階にあった倉庫からあふれ出しそうになっていた。開かずの間と化したそこは、期せずして、オリエントレザーとソメスサドルの歴史が眠る蔵と化していた。来場者のいない博物館のようだ。

これはどうにかしなくてはと、昇は思った。

風通しの良くない部屋に革製品を置きっぱなしにしておいたら、カビがはえてしまう。だからといって、捨ててしまうにはあまりに惜しい。どれも丹精をこめて作った商品である。

昇は、二階の倉庫に入る度に、夢中で走ってきた自分を振り返らないではいられなかった。

返品された鞄を見ていると、かつての悲哀を思い出す。人知れず、泣いた日もある。悔しくて、お酒を飲んでしまった日もある。そんな記憶が次々と蘇ってくる。

しかし、嫌な思い出だけかというと、そうではなかった。

思いがけない大量注文を受けて、ウキウキと本社に電話したときもある。古いサンプルを見ていると、「あぁ、こんなこともあったなぁ。あのときは注文をもらって嬉しかったなぁ」と、笑みがこぼれる。

たとえば、一流宝石会社から特製の宝石を入れる鞄を作ってくれるよう頼まれたこともあった。宝石の営業マンが、高価な宝石を箱に詰めて持ち歩くためである。頑丈であることが求められるが、同時に優雅でなければならない。宝石を機能的におさめるため、重箱のような構造の革鞄を作って欲しいという依頼だった。「こんな難しい鞄を、革を使って作ることができるのは我が社だけだ」と、胸を張った覚えがある。

透明な革を作るようにと望まれて作った製品もある。これが革かと思うような仕上がりだ。ガラスを使ってのばした革もある。独特の風合いを出すためだ。

そうかと思うと、馬が種付けをするときに履かせる大きな靴も作った。もちろん特注品だが、特殊このうえない製品だろう。

他にも、ヘルメットケースや洋酒会社に頼まれたボトルの革ケースなど、オーダーを受けて作った製品が、たくさん見つかった。依頼を受ける度に、担当者と交渉し、職人に細かなデザインを伝え、まずはサンプル品を作る。そのため、見本の数が際限なく増えていた。

たとえ、駄目出しをされてもあきらめず、何度も何度も作り直し、ようやく受注にこぎ着ける。

そんな日々を思い出す。どれも自分たちの技を結集して作り上げた愛着のある製品ばかりだ。

かつて、会社の二階は畳敷きの部屋になっていた。何人もの職人があぐらをかいて座り、黙々と馬具を作っていた。一人ひとりが自分の作る製品に最初から最後までかかわり、まさに一人親方を実践する働きぶりだった。

社員の中には女性も多かった。炭鉱の事故で家族を亡くした人もいた。夫が失職してしまい、家計を支えようと必死になっている妻もいた。

思い出がいっぱいに詰まった場所で感慨にふけりながらも、ここをいつまでも物置にしておくわけにはいかないと、昇は思った。今で言うところの「断捨離」をすべきだと、無意識のうちに感じたのかもしれない。

そして、昇はひとつのイベントを思いついた。これら思い出の品々を商品として販売してみようと決めたのだ。

思い出を商品に

兄の純一に話すと、すぐに賛成してくれた。それだけではない。倉庫を改装するため自ら図面をひき、工事の手配もしてくれた。予算が潤沢にあるわけではないので、知り合いの大工さんが暇なときに来てもらうよう交渉し、少しずつ作業してもらうことになった。

こうして、それまでは倉庫だった二階の部屋が、素敵なショールームとして生まれ変わった。知恵を絞って、洒落た棚をとりつけ、倉庫に詰め込んであった商品を見やすいように展示した。

そして、近くに住む人たちに向けて、ショールームのお披露目会を催すことにした。しまってあった商品をお得な価格で売り、ソメスサドルの存在をアピールしようという目的だ。手作りのチラシを、社員自ら配って歩いた。まるで文化祭やバザーのようだが、それはそれでソメスサドルらしくていいじゃないかと思えた。

それでも、来てくださるお客様の足元が冷えないように、新しいスリッパを用意したり、二階に通じる階段に手すりをつけたりするなど、精いっぱいの努力はしたつもりだ。寒いところで暮らす人々は、膝や腰に問題を抱えていることが多い。

ショールームとして生まれ変わった会社の二階には、ブランド名となるSOMÉSのロゴを大きく掲げ、会社の再出発を印象づけた。こうして、できる限りの準備をしたものの、一人もお客様が来なかったらどうしようと、不安ではあった。

そんな弱気を顔に出しては駄目だと自分に言い聞かせながら、昇は二階の窓から外を見おろしていた。すると、どんどん人がやって来るのが見える。この町にはこんなにも人がいたのだろうかと驚くほどだ。用意していたスリッパが足りなくなるほどの盛況だった。

彼らは商品を手に取り、触り、撫で、抱えて鏡に映しながら、楽しそうに買い物をしていた。その姿を直接見ることができるのは、得がたい経験だった。自分が作ったものが買われる場面を自分の目で確認できる機会はそう多くない。

もしこれが受注品として作った商品ではなく、ソメスのブランド名が刻印された自社製品だったら、喜びは倍増するだろう。自分たちが作った製品に、自社の名前とロゴを入れ、直接対面しながら販売する。これはできるようでいて、なかなかできない商いだ。会社が小さすぎても、大きすぎてもしにくく、工場とショールームを一体化してこそ、できる売り方だ。

この日を境に、ソメスブランドは、地元の人々に定着し始めた。それまでも歌志内の馬具屋さんとして知られていたが、実は鞄も作っていると認められるようになったのだ。

それは奇跡に近いことだったのかもしれない。近所に鞄を作っている会社があると知らなかった人たちが、馬具屋の二階を目指してわざわざやって来たのだから。

初めて試みた直接販売は、大成功に終わった。スリッパが足りなくなるような人出で、「これは頑張ればなんとかなるかもしれないぞ」と、昇たちは手応えを感じていた。このときの試みはファクトリー・フェアと名付けられ、毎年続く恒例の行事となった。

未来のための決断

一九九五年、ソメスサドルは再び未来に向けての決断をした。会社を歌志内から砂川に移すことにしたのだ。歌志内の神威にあった旧社屋が手狭になってきていたからだ。生産性を上げるため、さらに工場を拡張し、ショールームも開設したい。そのためには、もっと広い場所へ引っ越す必要がある。

創業から三十年が経つ本社の工場はかなり老朽化しており、いずれは社屋を移転しなければならない。様々な思い出がある神威の工場を閉めると思うと、寂しくはあった。しかし、これから先を考えると、なさねばならぬ決断だ。

社屋が古くみすぼらしいせいもあるのだろうか、就職を希望する若者が少ないことも悩みの種となっていた。

ファクトリー・フェアが成功したとはいえ、地元の人だけを商売の対象としていては駄目だ。北海道中から、いや日本中から、ソメスの製品を買うために来てもらうようにしたい。

では、どこに？

なるべく歌志内に近いところで、交通の便がよく、自然に囲まれた土地を選ぶ必要がある。お客様がほっと一息つけるような静かな場所を探したい。さんざん考え、実際に候補地を何度も見にいった末に、砂川を選ぶことにした。交通の便もよく、駐車場を広く取ることもでき、価格も折り合った。旧社屋から十三キロの距離となる。

予算は限られていたが、社屋のしつらえには徹底的にこだわった。建物とその周囲がひとつの世界を作るようにしたい。その目的を果たすため、農地であった土地を整地して八百本近い木を植え、芝を植えた。業者を頼まず、社員総出で植え込みの作業にあたることにした。経費を節減するためもあったが、それだけではない。社員が自らの手を使い、働くことが大切だ。

北海道の開拓精神はこうしたところにも宿っている。新しい土地であるここ砂川に、新しいソメスサドル・ランドというべき世界を作ろう、そんな思いを胸に皆で汗を流したのだ。

付け加えると、引っ越しもほとんど自分たちの手で行った。大事な道具も運ばなくてはならず、何度も車で往復した。忘れ物をして取りに戻ったことも、一度や二度ではない。

新しい社屋を作るにあたって、ソメスと馬は切り離せない関係であることも強く意識した。そこで馬のモニュメントを屋外に設置し、本物の馬も飼うことにした。

こうして、工場と店舗が一体化した社屋が出来上がった。新しい社屋は「砂川ファクトリー&ショールーム」と名付けられた。建物はコの字型に設計した。実際の廏舎をイメージしてのことだ。北海道で産するブロックレンガを使い、北海道特有のたくましさとヨーロッパ風の美しさが一体化したデザインとなった。美しいレンガをひとつひとつ積んでいく作業は、一針一針のステッチをくり返す馬具づくりと通じるところがある。

砂川への移転を反対する人もいた。無謀だと言われたこともある。それでも、昇は決断した。どうしても必要なことだと信じたからだ。

社屋が無事に出来上がった日、空は青く晴れ渡っていた。ソメスサドルの未来を象徴しているように思えた。

それから二年後の一九九七年、社屋は「北海道赤レンガ建築奨励賞」と「グッドデザインほっかいどう選定」の二つの賞を受賞した。こだわりにこだわり、ソメスのブランドイメージを具現化するようにと念じて作り上げた社屋だけに、この受賞はことのほか嬉しく、誇らしいものとなった。

製造と販売をひとところで

こうして、ソメスサドルは新しい社屋でスタートを切った。

製造と販売を同時に行う。これはソメスサドル発足当初から目指したことであった。とくに奇をてらったつもりはない。けれどもこの小売り方式は極めて珍しく、特徴的であると周囲に指摘されるようになった。

　普通の流通機構では、まずは、メーカー（製造業）が商品を作り、それを卸売業におろし、次に店舗やデパートの小売業を経て、消費者へ製品が届く仕組みとなる。けれども、「砂川ファクトリー&ショールーム」では、工場でできたばかりの商品を隣にあるショールームで売る。お豆腐屋さんのように、できたてほやほやの製品を販売する。まるで革製品はナマモノだと言わんばかりの売り方だが、ソメスサドルらしいといえばソメスサドルらしいといえる。

　作り手の気配を感じながら、革製品を買う喜び。一方で、買ってくれる人の顔をガラス越しに見ながら、製品を作る楽しさ。お互い名乗り合うことはなくても、目に見えないどこかでつながっているという実感がある。

　ひとつの社屋に、店と工場が寄り添うようにある。それが、結果的にどこにもない独自性となった。

　それでも、不安がなかったわけではない。ここを目指して、本当に人はやって来てくれるのだろうか。都会で忙しく働いている人たちは、砂川の地名すら知らないのではないだろうか。ピカピカの新社屋は建ったものの、誰も来ないというのでは困る。

　自信を失いそうになったとき、昇は歌志内の神威にあった旧社屋で、小さな奇跡が起こったあのファクトリー・フェアの日を思い出すようにしていた。砂川よりも小さな町、砂川よりも古い社屋、それでも、お客様は来てくれたじゃないか。喜んで、商品を買ってくださったじゃないか。

大丈夫。移転はきっと吉と出る。根拠があるわけではないが、昇は思った。次の奇跡を信じよう、と。

新しく取り入れた商いの工夫

計画通り、「製造小売り」のスタイルを実現させたものの、いざ取りかかってみると、するべきことがあまりに多く、混乱する日々が続いた。どこから手を付けるべきか迷うことも多かった。そこで、自分の頭を整理するために、大事なことを書き出し、順番をつけ、一番大切なことは何かを見極める癖をつけた。優先順位が高いものから順にひとつずつ解決していくのが理想だが、現実には、いくつかの仕事を並行して行っていかなければならない。複数の案件を同時進行で進めていく必要がある。そこが商売の難しいところだ。

会社が移転すると、次から次へと解決すべきことが起きる。昇も砂川にしばらく滞在して、兄と共に仕事に邁進した。

まず取りかかったのは、工場の設備を整えることだった。ソメスサドルにとって、工場は社の根幹にあたる場所である。庭に面し、陽光が降り注ぐ一番良い場所に据えた。広々とした空間で、仕切りも作らず、体育館のように動きやすい場所にしたかった。

工場では、乗馬の鞍、競馬の鞍、ばんえい競馬の手綱を始めとする馬具を製作するためのチームと、鞄や小物などを作るチームが、同じ空間で作業することになっていた。

乗馬と競馬の馬具を同じ工場で作る、これはソメスサドルにとっては、ごく普通のことだった。

これまでもそうしてきたので、なんら違和感を感じない。ところが、訪れた関係者は口々に「これは珍しい」と、驚きの言葉を口にする。外国でも例がないらしい。

　乗馬と競馬の世界は厳格に区別され、馬具は異なる会社で製作されるものだという。それは、昇にとって新しい発見だった。もしそうなら、これをソメスサドルの特徴として強調すべきだ。とくに意識しないままではあったが、ソメスサドルはソメスサドルならではの商いの方法を既に見つけていた。

　販売は予定通り工場の隣のショールームで行う。出来上がったばかりの製品を商品として販売する。新しいショールームでは、買い物をしやすいように、お客様の目線にあたる位置に鞄を置いた。ドイツで初めての展示会に出展したときも、同じことを考えていたのを昇は思い出していた。

　できる限り、商品を手にとってもらいたいとも思った。実際に、自分の手で製品の手触りを感じて欲しいからだ。革製品だけに、傷がつかないよう、手袋をしてもらうべきだという意見もあったが、手で触って確かめて欲しいという気持ちには勝てなかった。

　ショールームの片隅には、オリエントレザーから始まり、現在のソメスサドルに至るまでの歩みを展示するコーナーをもうけた。老舗のように長い歴史を誇るとは言えないが、それでも、初の東京オリンピック開催の年以来、延々と続いてきた会社である。自らを振り返るためにも、大切な場所だ。

　買い物をゆっくり楽しんでもらいたいと、セールストークはなるべく控えるよう指示した。お客様が、自分で理解して、自分で納得し、ゆっくり考えて、商品を選びやすいようにしたかったのだ。

人材を確保する

次に目指したのは、培ってきた技術をより向上させ、それを若い人たちに伝えていくために、どんな方法をとるべきか考えることだった。

腕の良いベテラン職人たちは、旧工場から新工場に移っても、変わることなく黙々と作業を続けていた。それはそれで大事なことには違いない。ただし、問題はその技術を若い人にどうやって伝えていくかということだ。

幸い、砂川に移転した後、就職を希望する若者が増えていた。社屋を新しくしたのが良かったのだろう。神威にあった旧社屋も雰囲気のある建物だと自負してはいたが、やはり若者には少々レトロすぎる。新しい人材を獲得するためには、ここで働いてみたいと思わせる夢のある環境づくりが必要だ。願いは通じたようで、新入社員も増え、社員の平均年齢が三十代という若さとなった。

職人とはいぶし銀の魅力を持たなくてはならないという印象を持つ人は多い。六十歳を超えないと本物にはなれないと言い切る人に会ったこともある。確かに、技術の習得には気の遠くなるような時間がかかることもある。しかし、グループを組んで技術を磨きあえば、効率よく学んでいける。たとえ年は若くても、高い技術を身につけることは可能だ。逆に、熟練したベテランたちは、若者を指導することによって、自分自身を若く保ち、新しい技術を知っていくきっかけをつかむ。

昇は、腕に自信がある職人ほど、新しい技術や考え方に柔軟に対応すると知っていた。

思った通り、これまで一人で黙々と鞍を手縫いしていたベテランの職人が、それまで使っていなかったミシンを踏んだりしている。新しい分野に挑戦している姿に触れると、その柔軟な態度に尊敬の念を覚える。自分もそうでありたい、いや、そうあらねばならないと思った瞬間であった。

こうして、馬具職人たちは、鞄を製造するにあたっても、質の高い製品を作り出すようになっていった。

馬具を作るときに用いるステッチに、ひとつの穴に両側から糸を入れ、返し縫いをする作業がある。いわゆる二本針と呼ばれる技法で、糸がほつれないように万全を期すためだ。万一、事故が起きたら、騎乗する人間の命にかかわる。念には念を入れるのをいとうことはできない。こうした技術を鞄づくりにも用い、糸がほつれない頑丈な鞄を目指した。

ソメスサドルの工場では「馬具」と「鞄などの革製品」という二つの製造が、連立して行われていた。そのうち、さらに欲が出てきた。ひとつの空間で、いくつかのチームが共に働いたとしても、ベテランの職人が新しくやって来た若者と別々に作業をしていては意味がない。共に働くことが重要だ。

職人の世界では、「見て覚えろ」という形がとられているところが多い。しかし、ソメスサドルでは、ベテランも新人も、同じ職人集団としてものづくりに携わる姿勢をとりたかった。

そこで、経験豊かなベテラン職人と就職したばかりの新人を同じグループに配属した。経験を積んだ職人たちは自分の技術を若者に積極的に伝え、指導していく。反対に、若者はベテランに教わりながら一人前になるのを目指す。そして若者には、若いからこそ思いつくような斬新なアイディアを臆することなく伝えて欲しいと思った。

ソメスサドルが目指したのは、同じグループの人々が、ひとつの商品の組み立てから完成まで、すべての作業に携わることだった。つまり、いわゆるライン生産方式ではなく、セル生産方式をとったというべきだろう。

よく言われるように、ライン生産方式とセル生産方式には、それぞれ長所と短所がある。

ライン生産方式は、一定の期間にひとつの製品を大量に製造する方法である。作業員はラインのように並び、ベルトコンベアなどで流れてくる物品に、部品の取り付けや加工を流れ作業で行っていく。短い時間で多くの製品を作り出すことができるという長所がある。

これに対して、セル生産方式では、少数の作業チームが全員で製品の組み立てを行う。ライン生産方式に比べ、作業する人が受け持つ範囲が広くなるが、その分、すべての製造過程に立ちあうことになる。技術は自然と向上し、文字通り体でものづくりを覚えていくことになる。大量生産には向かないが、余分な在庫を抱えることもない。

ソメスサドルは良いものを必要とされる数だけ製造し、徹底したメンテナンスを行うことを目指していた。だったら、やはりセル生産方式がふさわしい。

新しく生まれ変わった砂川ファクトリー＆ショールームにいると、昇はよどんでいた川が勢いよく流れ出すのを見ているような気持ちになった。太古の昔から流れ続けている川でも、流れる水は常に新しい命を宿したものだ。山深い源流から流れてくる水もあれば、中流近くで雨が混ざる場合もあろう。下流に行けば、海の香りを感じるようになる。

大切なのは、川がいつも流れていることだ。何かの理由でせき止められたり、流れることを止めてしまった川は、やがて腐臭を放ち、そこに住んでいる生きものの命を奪うほどになる。

会社もそうだ。いつも動き続けていないと、エネルギーを失ってしまう。流れはゆっくりでもかまわない。しかし、流れが止まることは許されない。

新しい人材を得ることは、新しい命を注ぎこむことだ。丁寧な作業と作り手の心が感じられるものづくりは、こうして常に新しい流れを生み出さなければならない。

OEMで収益を上げながら

生まれ変わったソメスサドルは、北海道のブランドとして着実に成長していった。しかし、ではすぐに全国的規模になったかというと、まだ有名ブランドには届かなかった。努力がすぐさま利益に直結するほど、ファッション業界は甘くない。相変わらず、革製品のＯＥＭで収益を上げる日々が続いた。食べていくためには仕方がないことだ。

我慢の月日が続いていた一九九五年のある日のこと、事件が起きた。主要取引先の有名ブランドが倒産したのである。債権者を巻き込んでの大型倒産だった。ソメスサドルは連鎖倒産を免れることができたのだから、不幸中の幸いというべきだろう。

しかし、その影響で仕事が激減してしまった。これまで真面目に仕事をしてきたつもりだった。しかし、世間の風は冷たい。誰もが自分の会社を守るのに必死で、北海道の小さな会社の苦境など、意に介する余裕もないのだろう。ソメスサドルも倒産するのではないかというデマまで流れ、仕入れ先から材料が届かない非常事態となった。売り控えが生じたのだ。

これはなんとかしなければならない。現金収入を確保するためにすぐさま取引ができる相手を探さなくては。皆で必死に考えた。

つらい日々ではあったが、ピンチのときこそ、日頃からの人間関係がものを言うことを知る良い経験にもなった。商売のために付き合っていたわけではないのに、仲間たちから次々と救いの手がさしのべられたのだ。

古くからの知り合いが、革製品を大量注文したいと電話をかけてきてくれた。とくに何か言葉をかけてもらったわけではないが、苦境を察してのことだろう。

さらに、大手航空会社から靴べらを作ることができるかと打診された。国際線の乗客にもれなく配る革製品が欲しいのだという。いわゆるノベルティ商品だが、そのすべてをソメスサドルにまかせると言ってくれたのだ。

そういえば、海外では、靴べらを買うのがひと苦労だという。欧米人は原則として、家でも靴を脱がない。シンガポールに住んでいる日本人の友人は、帰国の度に靴べらを買ってもどるという。たとえ海外暮らしが長くなっても、日本人は家に帰ると、靴を脱ぐ習慣を保ち続ける人が多い。靴べらは必要だ。

海外に向かう人に革の靴べらを贈るというのは思いがけないことであり、ヒントを得た思いだった。何よりも、「もれなく」というのが嬉しかった。発注の数が万単位となる大型注文である。ソメスサドルを信じてくれたからこその申し出だ。

その後も、クレジットカード会社や高級国産車メーカーなどから、革製の小物を製作して欲しいという依頼が続いた。それも、ソメスサドルに頼みたいという指名を受けての受注である。有り難い話だと感謝しながら、必死に製品を作り続け、期日までにおさめる仕事をくり返す毎日となった。自転車操業と言われればその通りだ。他社の倒産のあおりを受けての苦しみだけに、こんな状態で、自社ブランドだけで勝負できる日は来るのだろうかと、暗い気持ちになる日もあった。しかし、それでも、当面は取引先の倒産の余波から立ち直ることを目指すしかない。

かつて、ニクソン・ショックのときも、同じような思いをした。それが会社経営だと言われればその通りであり、仕方がないことだとは思う。しかし、自分たちには落ち度がないのに、苦しむのはもう終わりにしたかった。どんなに仕事に打ち込もうとも、受注生産である限りは、上から切られたら、それで終わりだ。どうせ苦労するなら、自社の製品で責任を取りたい。それが結局はソメスサドルを守ることにつながるだろう。

受注した革製品をひたすら作り続ける職人たちに、昇は「すまない」と、心の中であやまり続けた。「今は会社の生き残りをかけて、他社の製品づくりやノベルティの生産を作ってもらうしかありません。どうか最高の製品を作ってください」と、拝みたい気分だった。

それでも、近い将来、その情熱をソメスブランドだけに注ぐ日が来ると信じる気持ちに変わりはなかった。

様々なことが、一度に起きた一九九五年であったが、どうにか乗り越えることができたのは、幸いであった。

伊勢丹新宿店に出店

北海道で産声を上げた企業が日本全国で知名度を得るまで、いったい、どのくらいの年月がかかるものなのだろう。昇は時々考える。

東京に進出することなど考えず、道内だけで着実な経営を目指す企業もある。リスクを伴うギャンブルをおそれる気持ちはよくわかる。道内に専念しながら勝負に出るというのも、ひとつの手段だ。

ソメスサドルの場合、東京の市場でその名を示すようになるまで、およそ十七年の歳月を必要とした。もう無理だと思ったこともある。自社ブランドだけで経営していくのが、果たして可能かと、何度も何度も自問自答した。

ところが、二〇〇三年、そうした心配を打ち負かすような出来事があった。

なぜそんな幸運に恵まれたのか、いまだよくわからないのだが、伊勢丹新宿店のメンズ館がリニューアルオープンするにあたって、ソメスサドルに出店して欲しいという指名を受けたのだ。

この年は、伊勢丹にとっても転機の年であった。それまでの「男の新館」が「メンズ館」としてリニューアルし、華々しくオープンしたときにあたる。その大事な節目の年に、新しくなったメンズ館で、ソメスブランドの鞄を販売して欲しいという申し出である。あまりの嬉しさに、最初は本当の話なのかと疑ったほどだ。

伊勢丹は一八八六年に創業した老舗の有名百貨店である。とくに、ファッションの伊勢丹というイメージが、多くの人たちに定着していた。消費者の希望に素早く反応することでも知られており、売り場は、選び抜かれた海外の有名ブランドがひしめいている。そんな百貨店に、それも正面玄関を入ってすぐのところに、ソメス専用のコーナーがもうけられることになるのだ。

夢にまで見た光景だ。これは現実のことなのかとぼんやりしてしまったほどだ。

ところが、いざ始まってみると、ぼんやりなどしていられない状態に陥った。売れ行きが良いのは嬉しいのだが、在庫切れしてしまうほどの勢いで商品が売れていく。せっかく買いにきてくださったお客様に「在庫切れなのでお待ちください」などと言うわけにはいかない。そんなことをしたら、二度と来てもらえないかもしれない。

これまでは、どうやったら商品が売れるのだろうと悩む日々だった。それがいきなりの在庫切れ。この落差に驚きながらも、グズグズしていては駄目だということだけはわかった。

その頃の昇の日常はこうだ。新宿にある伊勢丹に顔を出した後、羽田空港に向かい、北海道に飛び、新千歳空港から砂川にある会社に駆けつける。工場では、職人たちが休日返上で働き続けており、駆けつけた昇に、まさにできたてほやほやの製品を渡してくれる。それを持って、次の日の早朝、飛行機に乗り、そのまま新宿に直行する。

朝採りのトウモロコシというのはあるが、朝どりの鞄は珍しいだろうと思いながらも、羽田空港に着くと、大急ぎで伊勢丹に直行した。抱えているのは鞄なのだから、鮮度が落ちるはずがないが、一刻でも早く店頭に並べたいという気持ちに勝てなかった。

もっとも、息せき切って駆けつけた姿を悟られてはいけないとわかっていた。余裕のない企業と思われてはおしまいだ。製品は丁寧に作ってあるし、検品だって怠りない。自信を持とう。ここが小さな会社の強みでもある。小回りがきくだけに、急ぐときは突貫作業が可能となる。

それにしても、商売というのはなんと難しく、そして、面白いものだろう。なんとか我が社の商品を買ってはもらえないかと、頭を下げ続けた日々が思い出される。頑張っても頑張っても、売れないものは売れない。なぜこんなにも理解されないのだろうと、情けない思いもした。それでいながら、一旦売れ始めると、今度はどんどん売れて、在庫切れが生じてしまう。暇なときはどうしようもなく暇なのに、忙しくなると猛烈に忙しい。ちょうど良いあんばいがないのだ。売っている商品に変わりはないというのに。

商売はまさにナマモノ。腐りそうになるほど売れないと思えば、売れて売れて売り場が空になる。どちらもあってはならないことだが、それが現実に起こるのだから、まったくもって、天国と地獄をくり返す毎日だ。

しかし、それが昇の、そしてソメスサドルの日常となっていた。

伊勢丹に感謝しつつ

伊勢丹新宿店への出店を果たし、経営は順調に進んでいた。伊勢丹に常設のコーナーを持っているという事実は、ソメスサドルのネームバリューを高めることに大いに役に立った。おかげで、他の百貨店からも注文が来るようになった。

ソメスの名はブランドとして定着しつつあり、売上も好調と、夢のような日々が続いた。「本当に有り難い」と、心底思った。伊勢丹の入り口を通るだけで、自然と笑みがこぼれた。

ところが、やはり残念なことはついてくる。

出店から一年半後、伊勢丹百貨店が商品の売り方を変更すると知らされた。これまでは、それぞれのブランドが専用のコーナーを持ち、店を構えていたが、方針が変わり、平場に展開されることが決まったのだ。

平場とは、オープンスペースを用いて商品を売る方法で、百貨店が得意とする販売形式だ。ソメスサドルもそれまでは専門店コーナーを持ち、販売をしていたが、方針の変更に従い、他社と同じ売り場で商品を売っていく形をとることになる。

百貨店は長く商売を続けてきているだけに、伝統的な商法を守っているところが多い。しかし、その一方で、常に未来を見据え、次の世代にどうやってアピールしていくべきか考え続けている。常に新しい工夫をくり返してきたからこそ、伝統を保ちながらも、生き残ることができるのだろう。

昇は、百貨店側が方針を変更したことを理解していた。これまでソメスサドルを大事にしてくれた伊勢丹には、感謝の気持ちでいっぱいだった。方針を変更した後も、引き続き商品を置いてもいいという許しも得ていた。

しかし、ここでひとつの問題が生じた。伊勢丹の店舗で働いていたソメスサドル専属のスタッフの身の振り方を考えなければならなくなったのだ。今まで懸命に働いてきた彼らの居場所を作らなくてはならない。そのためには、どうしたらよいのだろう。

解決策はひとつだった。

東京にソメスの直営店舗があれば、スタッフはそこで働くことができる。元々、昇は東京にショップを持ちたいと願い続けていた。しかし、それは大きな賭けであり、慎重にならざるをえなかった。東京の地価はべらぼうに高く、店舗を借りるとしても高額の賃貸料を覚悟しなければならなかった。しかし、今がそのときだ。東京にショップを持とう、それしかない。昇は決心した。

第一回ものづくり日本大賞優秀賞受賞

様々な思いに揺れていたソメスサドルに、嬉しい知らせが舞い込んだ。第一回ものづくり日本大賞の経済産業大臣優秀賞を受賞することになったのだ。二〇〇五年のことである。

「ものづくり日本大賞」は、日本の産業と文化の発展を支えてきた「ものづくり」にスポットをあて、さらに発展させていくための賞だ。栄えある第一回の優秀賞にソメスサドルの五名が選ばれた。受賞案件は「日本唯一の馬具メーカーが造り出す、女性専用乗馬鞍（ソーニア）及び競馬レース鞍」であった。優秀賞の表彰式は、北海道経済産業局局長室で行われた。

借金を背負いながらも再出発を果たしてから四十年、ソメスサドルに社名を変更し、新しい会社になってからでも既に二十年近くの歳月が流れていた。感情的になるまいと思っても、やはり涙が出そうになるほど嬉しい知らせだった。馬具メーカーとしての歴史が認められ、なおかつ新しい技術にも光があたったことを実感できたからだ。

しかし、ここからが大変だと言うこともわかっていた。表彰されたからと浮かれているわけにはいかない。苦労人揃いのソメスサドルである。社員たちも、表彰された後に、本当の勝負が待っていることを経験から知っていた。

今すべきことは、とりあえずは東京の店舗を探すことだ。受賞に喜びながらも、製品を販売していく努力が続いた。どんなに丹念に作ったものでも、それを流通に乗せなければ商売にならない。

宮内庁御用達としての仕事

同じ年の二〇〇五年にも、ソメスサドルに嬉しい注文がもたらされた。京都迎賓館落成にあたり、革製品を納入するよう依頼を受けたのだ。文房具や小物など多岐にわたる革製品をこしらえ、納品する仕事だ。

京都迎賓館は、海外からの賓客をおもてなしする大事な場所だ。京都にあるという特長を生かし、日本の伝統を意識したデザインになっている。西洋風の迎賓館赤坂離宮とは対照的に、入母《いりも》屋《や》屋根と数寄屋《すきや》造りを用いた建物だ。日本の伝統技法の粋を集めたもので、随所に日本の職人たちが腕によりをかけて作った逸品が並んでいる。

日本の職人の博覧会のような京都迎賓館に、数々の革製品をおさめることになったのだから、本当に名誉なことである。京都迎賓館の担当省庁は内閣府であるが、ソメスサドルは宮内庁とも、長年、良い関係を築いてきた。とくに、馬車具の製作をまかされてきたことは、会社の誇りだ。

馬車というと、過去の遺物のように思えるかもしれない。しかし、馬車は今の日本でも大事な場面で使われ続けており、現役の乗り物だ。たとえば、各国の大使は日本に赴任すると、まず最初に皇居に向かうのが慣例だ。自国の元首から預かってきた「信任状」を天皇陛下に捧呈するためだ。その際各国の大使は、移動手段として車か馬車かのいずれかを選ぶことになっている。興味深いことに、ほとんどの大使が馬車を希望するという。

大使を乗せた馬車は、東京駅を出発し、皇居外苑から皇居前広場を通り、二重橋を渡って皇居宮殿南車寄《くるまよせ》に到着する。このコースを馬車で往復するのは得がたい体験となるだろう。

ソメスサドルは馬車に用いる馬車具の製作をまかされてきた。日本で唯一の馬具屋として、力の見せどころであった。

初の路面店、青山

東京での店舗をどこにするのか、決断する日が迫っていた。昇は個人的には、銀座か青山にしたいと考えた。もちろん、他にも候補は数多くあり、たくさんの物件を見て歩いた。しかし、良いと思えば価格が折り合わず、価格は良くても立地に問題があるなど、なかなか決まらなかった。とくに銀座は飛び抜けて賃料が高く、折り合いがつかない。

困ったなと思っていたとき、南青山にあった、ある一軒家に出会った。これだと思った。ぴんときたのだ。ソメスサドルの鞄が並ぶ様が目に浮かんでくる。

一旦決心すると、昇の行動は迅速だ。すぐに賃貸契約を進め、大家さんの許可を得て、店舗仕様にすべく改装を始めた。既にはっきりとしたイメージが出来上がっていたため、仕事は順調に進み、「砂川ファクトリー&ショールーム」に続いて、東京初の路面店である「青山店」を開設した。

伊勢丹百貨店で販売していたとき、ソメスの鞄は人気があった。しかし、それも結局は百貨店の販売力に助けられてのことだとわかっていた。百貨店は物を売ることに対して、年季が違う。規模に至っては、比べようもない。すぐに真似をしようとしてもできるものではない。

しかし、これからはソメスサドルが単独でソメス製品を売っていかねばならない。おそろしいといえばおそろしい選択だ。誰の力も借りることなく、独力で東京で店舗を営業していくのは、果たして可能なのだろうか。

けれども、伊勢丹で働いていたスタッフは明るかった。「大丈夫ですよ、一生懸命やります。東京のお客様はきっと来てくださいます」と、笑顔を見せる。そんなスタッフの顔を見ているうち、昇の心の霧は晴れていった。「そうだ、今までだってできたじゃないか。なんとかなるさ」

ところが、やってみると、現実はやはり厳しかった。路面店の運営とは、これほど困難なものなのかを思い知る日々が続いた。百貨店に来たからついでに立ち寄るのではなく、ソメス製品を目指してやって来るお客様を獲得しなければならない。ブランドとはそういうものだ。

それでも、南青山という土地とソメスのイメージが結びついたのか、店を訪れる人が徐々に増えてきた。革製品が好きだから、だからソメスサドルを選ぶというお客様もいた。馬具を作っているのだから、革の扱いのプロに違いないと、信頼してくれる人もいた。じわじわとファンは増えていき、固定客と呼ぶべき購買者も生まれていた。いわゆるソメスファンができてきたのだ。昇はソメスサドルらしさをアピールするため、馬具と同じく、鞄や小物に至るまで、メンテナンスを積極的に引き受けることにしていた。手間はかかるものの、革は傷がついても、磨けば、それがかえって味となる。新しい製品は皆同じものでも、使っているうちに持ち主になじみ、独特の風合いが出てくる。いわば「持ち主の色」に染まっていく。そこに至るまで使ってもらえるように頑張ってこそ、ソメスをソメスたらしめる力となる。

その意味で、青山店がオープンした二〇〇六年は、ソメスサドルにとって、大きな転換期となった。売る側も買う側も、ソメスブランドを強く意識するようになったときだからだ。ブランドとして認められ、定着しつつあることを社員全体が感じ始めていた。ＯＥＭの時代は、来る日も来る日も他社の製品を作る日々が続いた。それでも、手を抜くことはなかったが、修理するにしても、他社の製品と自分たちの作った製品では、意味がまったく違う。

たとえば、新品として送り出したソメスの鞄が、傷んだり汚れたりして、修理のため北海道の工場に送られてくる。すると職人はまず、働きに働いた鞄を手に取り、それが直るのか確認し、どうやって修理すべきかを考える。と同時に、会ったことはないものの、この鞄を使っていた人の毎日を思う。東京で満員電車に揺られていたのだろうか？　仕事がうまくいったと喜びながら、鞄を振り回したのではないか？　雨に打たれてつらい思いをしたんじゃないか？　と、想像がふくらみ、鞄の持ち主に実際に会ったような気持ちになる。

　その後、心をこめて修理した製品は、見違えるように綺麗になって、持ち主のもとに帰っていく。それは修理というよりも、再びオリジナル製品を作るのに似ていた。ひび割れた陶磁器を漆で継ぎ、再び使えるようにすることは既に述べたが、ソメスサドルの修理は、いわば心をこめた革継ぎであった。修理が終わった鞄は、自らの力で立ち上がるような勢いを身につけて蘇る。新品にはなかった独特の風合いも備わっている。それは、使い続けた持ち主と修理した職人の間のコラボレーションのようなものだ。

　長い航海の末に、傷んでしまった船がドックに入り、修理され、再び海に漕ぎ出すように、傷だらけになった鞄は、一旦は砂川の工場に入り、休んだ後、徹底的に直され、癒やされて、再び東京の町をクルーズし始める。まさにそんな流れが起きるようになっていた。

サミット

　二〇〇八年七月は、日本にとっても、北海道にとっても、大事な月となった。第三十四回主要国首脳会議、いわゆる洞爺《とうや》湖《こ》サミットが行われたからだ。それだけでも嬉しいニュースだが、ソメスサドルにとって、もうひとつの嬉しいニュースがもたらされた。サミットに参加するＧ８の首脳夫妻と欧州委員会委員長夫妻のための記念の品として、ソメスの鞄が選ばれたというのだ。

　北海道庁から連絡が入ったのは、サミットまであと四ヶ月という時期だった。時間的にそれほど余裕はないものの、嬉しい申し出であった。日本を代表して、鞄を提供して欲しいというのだから。男性にはダレスタイプの鞄、女性には細々としたものがたっぷり入るバッグを贈り物としたいという注文だった。

有り難い話だが、それだけで終わるつもりはなかった。やはり「これが北海道だ！　これがメイド・イン・ジャパンだ！　そしてソメスサドルの自信作だ」と、製品が自ら語りかけるようなものにしたい。いわばサミットに向けての新しさを加えた製品にしたい。

アイディアを出し合った結果、漆を使ってはどうかという意見が出された。これまでの経験から、革と漆は相性が良いこともわかっていた。他の製品で既に使ったことがあったため、すぐに取り入れることができた。革と漆のコンビネーションは、どちらも自然由来のものであり、共通したあたたかさがある。日本からのおもてなしの心を披露するのに最適だろう。

さらに、何か良いアイディアはないだろうかと検討を重ねているとき、「北海道らしさを出すために、アイヌの文様を入れてはどうだろう？」という意見が出された。確かに、海外からの賓客に北海道をさらに印象づけることができる。

こうして出来上がった贈り物は、各国の賓客に大変好評だった。もちろん嬉しかったが、同時に、心の底からほっとした。思った以上に緊張を強いられる仕事だった。

ソメスサドルの革鞄は、ひとつの終着点を見いだしつつあった。今後も、奇をてらうようなことはせず、ただ真面目に革と向き合い、鞄などの製品を作り、丁寧なメンテナンスをしていくべきだ。

大量生産するために工場を広げようとは考えなかった。それは苦労して、会社を大きくしてきたソメスサドルが守るべき約束だった。時間がかかっても、規模が小さくても、手で作ることにこだわりたい。

根幹は馬具

鞄が注目を浴び始めたのは嬉しいことだったが、ソメスサドルのメンバーが絶対に忘れてはならないと肝に銘じていることがあった。

それは、ソメスサドルは馬具屋であるということだ。

小物やファッション製品、そして、鞄は、馬具職人が馬具製作の腕を生かした結果、出来上がったものだ。馬具を作り続けるためにも、必要な仕事だった。

どんなに美しい鞄ができたとしても、あくまでも「馬具を作っていた職人が鞄を作る」精神を保たなければならない。そこをはき違えると、会社に未来がないことを誰もが知っていた。

ソメスサドルは、創業以来、馬具の製作を続けながら、修理の仕事も手を抜かずに行ってきた。しっかりしたアフターフォローは、結局、新しい馬具の販売を増やすことにつながる。鞄にもそれを取り入れなければならない。ソメスサドルで馬具や鞄などの革製品を購入すれば、その後、丁寧な修理をしてもらえる。こうした信頼を得ることが大切だ。一旦信じてもらえれば、それは長く続く関係になる。反対に、ちょっとしたことで失ってしまった信頼は、それを取り戻すまでに長い時間がかかる。

売りっぱなしにしないこと、最後まで面倒をみること、修理を嫌がらずに引き受けること、それこそがソメスサドルの持ち味だった。誠実さが何よりの広報となる。

幸いソメスサドルには、どんなに難しい修理でもこなすことができる職人がスタンバイしていた。送られてきた鞍や鞄を一目見ただけで、それが誰によって作られたものかわかる。

少人数でチームを組んで鞍を仕上げていることも、強みとなった。ひとつひとつの製品に個人が深くかかわっているので、出来上がった製品と作り手の距離が近い。ほぼ一体化していると言っていいほどだ。その製品を仕上げたとき、「雨が降っていたな」とか「もうすぐ子どもが生まれるな。俺も仕事頑張ろう」と思いながら手を動かした記憶までが、蘇ってくる職人揃いなのだ。

皮というのは、なめしの加工を終えて商品化された後でも、生きもののように微妙な変化を続けていく不思議な素材だ。いわば現在進行形の存在であり、水を吸いながら生きる植物にも似ている。天気や湿度などでも、刻々と状態が変わっていく。職人たちは、そのことを自分の体と心に刻み込んでいた。

ソメスサドルの鞄は、馬具屋が作るからこそ千金の値がある。それを忘れたとき、ソメスサドルはソメスサドルではなくなってしまう。

根幹は馬具屋、それが皆の合い言葉となっていた。

競馬世界とのつながりを求めて

地道な努力が実を結んだのだろう。馬具の製作も順調だった。最初の頃は、乗馬用の鞍を製作するだけで精いっぱいだったのが嘘のようだ。外国の優れた技術に追いつくだけでも大変なのに、追い越すのは到底無理なように思えた。ようやく注文が来たかと思うと、修理ばかりだった時期もある。しかし、職人たちは修理につぐ修理の状態に耐えた。

そんな日々をくり返すうち、気づいてみると、新しい鞍を作ってくださいという注文が舞い込むようになった。乗馬クラブから「ソメスサドルの鞍が欲しい」とご指名がかかる。それは本当に嬉しいことだった。しかし一方で、さらに販路を広げる必要にも迫られた。

新しい事業として考えたのが、競馬界へ馬具を納入することだった。

ひとくちに鞍というものの、乗馬と競馬では、同じ鞍でもまったく形態が異なる。それでも、競馬界からの需要は大きく、魅力的な分野であった。競馬では、レースはもちろんのこと、調教のときに使う調教鞍も必要となる。

日本人は世界でも有数の競馬好きの国民だ。とりわけ、一九八五年に生まれたオグリキャップという一頭の馬が、競馬人気を不動のものとした。一九八七年から一九九〇年まで活躍したオグリキャップの人気は、それはもう大変なもので、一種の社会現象となった。競馬ファンだけではなく、日本人のほとんどがオグリキャップの名を知っていた。それは後に二〇〇四年から大活躍を見せたディープインパクトに優るとも劣らないものだった。

オグリキャップは、一九八七年、地方の競馬場でデビューした馬だ。翌年、中央競馬へ移籍した後も活躍を続け、重賞を十二勝するが、そのうちGⅠ勝利が四回と、めざましい結果を残した。その体の色から「芦毛の怪物」とも呼ばれ、卓越した馬として、ファンの心をがっちりとらえた。

それはアメリカンドリームに似た、駆け上がるような夢の達成であった。地方競馬から中央競馬へのし上がったところも、日本人に大きな夢を与えた。競馬ファンはオグリキャップの馬券を買うと同時に、そこに自分の人生を重ね合わせ、夢を馳せたのである。

それだけではない。オグリキャップは私たちに、出身や体格に関係なく、努力と運次第では大スターになることができると教えてくれた。

オグリキャップの物語は、ソメスサドルの成長にも重なって見える。さびれていく炭鉱町から、苦労して会社を築き上げ、日本で唯一の馬具メーカーとなった道のりは平坦なものではなかった。だからこそ、競馬の世界への進出は、ソメスサドルにとってどうしても成し遂げたい事業であった。

競馬界で仕事をしたいという望みを抱くや、昇はいつものように、足で稼ぐ営業を試みた。若い頃から、自分の足で歩いて営業を展開する。これが昇のスタイルだった。かつては見知らぬバーやスナックにも、飛び込んできた自分である。やってやれないはずがない。ましてや、見とれるほど美しい芝がある競馬場や、立派なビルの中にある日本中央競馬会、さらには、北海道の牧場が相手先となる。新しい販路の開拓は、楽しみでさえあった。

ところが……。

なかなかどうして、乗馬と競馬の世界では、こんなにも事情が違うのかと、戸惑ってばかりのスタートとなった。

競馬の世界は、一見さんお断り的な仕組みになっているのだろうかと思うほど、どこから取りついたらよいのかわからない。公正を旨とする団体だからだとは思うものの、会ってもらうことさえできない日々が続くと、さすがに悲観的になってくる。

さらに、競馬の世界は考えていたよりずっと仕組みが複雑だということも学んだ。

競馬に出走するサラブレッドの一生についても、知らないことが多かった。サラブレッドは走るために生まれてくる。神々しいまでに美しい、そう感じてはいた。しかし、レースに出走するまでに、これほどいくつもの試練を越えなければならないものかと驚きの連続だった。

サラブレッドは、十一ヶ月ほどの妊娠期間を経て生まれる。お産には危険がつきものであり、出産期の牧場は緊張に満ちた場所となる。皆が総出で仔馬の誕生を待つ。仔馬は無事に産まれると、約一時間で自分で立ち上がり、母馬のおっぱいにすがりつく。その後、母馬と仔馬はいつも一緒に離れずにいる。童謡「おうま」の歌詞の通りだが、やがて別れのときを迎える。将来の競走馬として鍛練を積むため、母馬と引き離される。母馬も次の出産を控え、離乳の必要があるという事情もある。

母と別れた仔馬は、競走馬となる運命を受け入れ、ハミや腹帯、そして、鞍をつける練習を始める。最初は嫌がって大暴れする馬もいるが、そこが調教師の腕の見せ所。人を乗せて走ることができるようになるまで、辛抱強く、訓練がくり返される。デビューに向けて本格的な調教を積み、だいたいは二歳になると、レースにのぞむ。

こうした複雑で綿密なスケジュールにのっとって、競馬の馬が生産されることに昇は驚いた。

北海道で生まれ育った昇だったが、牧場は遠い存在であり、足を踏み入れたことはなかった。馬主が牧場に自ら赴いたり、特別に行われる馬のセールに行ったりして、競走馬を手に入れ、調教師に預けることくらいは知っていた。けれども、競馬で使われる鞍や鐙《あぶみ》などを誰がどういう風にして購入するのか、どこの馬具屋さんが搬入しているのか、わからないことだらけだ。

鞍は馬の持ち主である馬主が購入するのだろうか。それともトレーニングに従事する調教師か世話をする厩務員が、選ぶものなのだろうか。いったい誰が、どの鞍を使うか、どこでそれを購入するのかを決めるのだろう。

やがて、昇は知った。厩舎では、厩務員とよばれる人々が担当する馬の世話を引き受け、毎日、世話をする。現在では、日本中央競馬会の場合、厩務員になるためには競馬学校の厩務員課程を卒業する必要がある。そして、特別な教育と訓練を受け、細かな規則の下で働くようになる。

外から見ているだけではわからない世界が、そこには広がっているようだ。

既に決まった馬具屋さんが取り扱っているなら、自分たちに入り込む余地はあるのだろうか。

昇は混乱した。今まではこわいもの知らずでやってきたが、そうはいかない。迷った末、競馬用の馬具を扱っている店に赴いてみた。次に、競馬場や競馬学校、さらには調教師に会ってもらうよう努力もした。しかし、思うようにことは運ばない。新しい世界に飛び込むのは大変だとわかってはいたが、それにしても、ここまで困難な仕事になるとは……。ひとつにまとまった世界は、他者が入るのを嫌うものなのだろうか。

競馬の世界へガッツで飛び込む

もはやこれまで、もうあきらめようか……。意気消沈した、そのとき、持ち前の「いいや、待てよ」という思いが頭をもたげた。負けてなるものか。まだまだなんとかできるはずだ。確たる自信があったわけではない。しかし、ソメスの馬具の品質の高さは、競馬関係者ならわかってくれるはずだ。思い起こしてみると、乗馬の世界も、最初は手探りだった。しかし、日々の積み重ねによって、今では認められるようになっている。だったら、競馬の世界でも通用するはずだ。

気を取り直し、昇はとにかく競馬の関係者に会いに行くことにした。現場に足を運んでいるうち、見えないものが見えてくるかもしれない。がむしゃらが昇の持ち味である。売り込むためというよりも、「あ、また彼、来ているな」と、思ってもらえたらそれでいい。

日参をくり返したものの、すぐにことは運ばなかった。我ながら少々しつこすぎるだろうか、かえって敬遠されたらどうしようと思い始めたとき、外国で製造された馬具の修理を頼まれるようになった。もちろん、自社で生産した馬具を使ってもらうことが目標だったが、最初からそううまくはいかない。

かつて外国製の乗馬鞍を預かり、バラバラにして研究したように、外国製の競馬用のレース鞍を修理しながら、学んでいけばいい。

すると、次第に現場から嬉しい声が届くようになった。「ソメスさんに直してもらうと、その後、鞍が長持ちする」「なぜか壊れない」「少し傷んでも、すぐに直してくれるから有り難い」なかには、牧場や厩舎から車を飛ばし、馬具を抱えて会社までやって来る人もいた。急病にかかった子どもを胸にかき抱いて救急病院へ駆けつけるように、傷んだ鐙や鞍を一日でも早く直したいと飛び込んでくるのだ。彼らを迎えた職人たちは、嫌な顔もせずに、すぐに修理を始める。外国製の鞍の修理をするときなど、少しは悔しさもあったかもしれない。しかし、それを顔に出すことなく、品物を受け取るやすぐに誰かが直し始める。救急医が普段は他の小児科にかかっている子どもを診察するように、職人たちは救急修理に徹することを拒まなかった。

こうして他社の製品を修理しているうち、競馬の世界で働く人たちから、いろいろな話を聞くことができるようになった。

まさに現場の生の声である。

「もっとこうだったら」とか「この鞍ね、形はいいんだけど、日本人の体型にちょっと大きいんだよね。もう少し小さいサイズのがあるといいのだけれど」という風に。

だったら、その希望を形にして製品にすればいい。修理して学んだ知識をそのままソメスサドルの製品に生かそう。ソメス・オリジナルというべき競馬の鞍は、こうして出来上がった。いわば、修理をくり返しながらモニターの意見を集めたようなものだ。

そのうち、「ソメスサドルの調教鞍を使うと、なんとなく調教がうまくいくような気がする。多分、馬に負担がかからないからだと思う」という声も届くようになった。

競馬のレース鞍を作るために

競馬のレース鞍を製作するためには、かなりの時間と手間が必要だった。しかも、レース鞍は革ではなく人工皮革を使って製作される。ソメスサドルにとって、新しい分野だ。しかし、ここまできて、あきらめるわけにはいかない。

競馬のレース鞍を製作することは、ソメスサドルの悲願であった。日本で唯一の馬具製作会社である。メイド・イン・ジャパンの鞍を使って欲しいという願いを捨てることはできない。社員一同、皆、必死だった。

馬具には様々な種類があるが、馬に乗るためにどうしても必要なのは、鞍と腹帯、鐙革と鐙金の四つである。そのどれもが大切だが、やはりレース時に使う鞍は、騎手と馬をつなぐ肝心かなめの道具となる。

騎手はレース中、鞍の上でハイスピードに耐えながら馬を操り、加速する。車の運転でたとえるなら、アクセルを踏みわけながら、ゴールを目指す。その際、馬の背中には騎手の体重がもろにかかってくる。騎手がどんなにうまく乗ったとしても、馬にとって、騎手や鞍が負荷になることに変わりはない。激しく動く騎手から馬を守るのは、その間にある鞍である。

鞍の形が馬の背中にフィットしていないと、鞍はぐらぐら動き、馬の背中を痛めてしまう。痛みを感じると、当然馬はレースに集中できず、走るどころか立ち止まりさえする。不運な場合は足を痛め、騎手を放り出してしまうことも起こりうる。私たち人間も足にフィットしない靴を履いたとき、それがどんなにお気にいりのデザインでも、靴擦れができ、足腰を痛め、走るどころか歩くこともできなくなる。それに似ている。

鞍を作るとき、何より注意すべきは「き甲」という部分である。き甲とは、馬の首と背中の間にある骨のふくらみで、極めてデリケートな部分だ。鞍がフィットしていないと、この「き甲」に擦り傷や切り傷ができてしまう。それを避けるため、馬具職人はたゆまぬ努力を続ける必要がある。

　レース鞍を製作するときは、「鞍骨《くらぼね》」と呼ばれる部分に注意を払う。鞍の乗りやすさは鞍骨で決まると言っていいほど重要な部分だ。かつては木で作った鞍骨がほとんどだった。木製の鞍骨は長い伝統を誇る技術であり、それはそれで利点もある。しかし、木という素材は、使っているうちにどうしてもゆがみが生じてくる。とりわけ、日本のように湿気が多い国では、ゆがみを完全に避けることは難しい。さらには、一旦、ゆがんでしまうと、元に戻すのが大変だ。

　それなら、ゆがまない「鞍骨」を開発すればいい。鞍骨が安定すれば、さらに高品質のものを作ることができる。鞍骨に問題があると、「き甲」の部分にもろに影響を及ぼしてしまう。それだけは避けたい。

「き甲」に皆が注意を払っているのは、き甲を守るための「き甲パッド」があることでもよくわかる。それだけ、問題が多いところなのだ。考えてもみて欲しい。大きな靴擦れが背中にできるようなものだ。痛くてたまらないだろう。

　ソメスサドルの鞍チームは、「鞍骨」の改良に取りかかった。覚悟はしていたものの、困難につぐ困難の連続となった。そもそも馬は口をきかないので、わからないことが多すぎる。もし、馬が「ここをこうしてくれませんか？　そうじゃないと背中が痛くてたまらないんです」と言ってくれたら楽なのだが、そうはいかない。

こんなとき、動物と話ができるドリトル先生がいたらどんなにいいだろう。子どもの頃、夢中で読んだドリトル先生シリーズが昇の頭に浮かぶ。ドリトル先生は動物や魚と話ができる。もし、ドリトル先生が現実にいたら、「どうですか？　どこか当たりますか？　痛いですか？　改良点があったら、教えてください」と、馬に聞いてくれるだろう。

そういえば、ドリトル先生の著者ヒュー・ロフティングは戦争中に、動けなくなった軍用馬が射殺処分されるのを見て心を痛め、動物の言葉がわかるようになりたいと考えたという。それがヒントとなって、馬と話せたらどんなに良いだろうという夢につながり、名作が生まれた。

残念ながら、現実の世界にはドリトル先生はいない。だったら馬の心がわかる人、馬を勝たせるために必死な人を探し出し、アドバイスをもらうしかない。つまり、競馬の世界のドリトル先生を見つけるのだ。そこで考えたのが、馬の世話をする厩務員や調教師から、微に入り細に入り、話を聞き続けることだった。レース鞍を作るにあたって一番参考になる。

こうして専門家のアドバイスを取り入れた結果、ソメスサドルならではのオリジナル鞍が出来上がった。早速試乗して乗り心地を確かめてもらい、タイムへの影響なども計測した。何よりも、馬の「き甲」に問題が生じないかをくり返し確かめた。

最初はどこか閉鎖的で、人見知りに思えた競馬の関係者だが、一旦心を開くと、驚くほど親切に協力してくれた。それに、誰もが最高の鞍を求めているので、両者の願いが一致したのだろう。馬と騎手を守り、レースで勝利をおさめる鞍を作るために、それはどうしても必要な共同作業となった。関係者のアドバイスに従い、試乗をくり返し、微調整につぐ微調整が続いた。理想の鞍を作るためには、そういった地道な努力が必要だ。

デリケートな馬の背をかたどるために、紙粘土を使って型を取ったりもした。もちろん、調教師の全面協力を得てのことだ。「大切な競走馬の背中に粘土を張り付けるなんて言語道断だ」と叱られるかと思いながらおずおずと申し出たのだが、良い鞍を作りたいという情熱が伝わったのだろう。それとも、それだけの信頼を得るようになっていたのか。彼らは快く承諾してくれた。

苦労の末出来上がった競馬用の鞍見本を携え、昇は本州と北海道を往復した。東京で営業するのはもちろんだが、滋賀県の栗東《りつとう》や茨城県の美浦《みほ》にあるＪＲＡのトレーニングセンターにも出向き、自分の目で見て、自分の口で伝えるようにした。手で作るものを扱う商売は、売るときも手から手へ渡し、触ってみることが必要だと思ったからだ。

鞍骨を作るにあたって、従来の木型ではなく、グラスファイバーを使ってみてはどうかという結論に達した。

グラスファイバーとは、ガラスを溶かし、特殊な工法により、繊維状にしたものだ。日本では一九三八年に工業化に成功しており、さらに改良が加えられ、発展を遂げていた。

こうして伝統的な技術と新しい技術が一体となって、ソメスサドルならではのレース鞍が出来上がっていったのである。

Ⅵ

運命の神は
微笑む

良いことと悪いこと

ドラマなどでこういう台詞を聞くことがある。「あなたに知らせたいことがある。良い知らせと悪い知らせだ」

そんな場面を観る度に、昇はしみじみ思う。「うちの会社にも、良いことと悪いことが、くり返しあったな」と。それも、代わる代わる起こるのではなく、襲うように良いことと悪いことが同時に起きたという印象が強い。

周囲の人は、昇が我慢強い性格だと言ってくれる。しかし、そんな昇でさえ、時には「いいかげんにしてよ」と、弱音を吐きたくなるときがあった。喜びと共にもたらされる苦しみに淡々と対処できるほど、人間の心と体は強くできてはいない。せめてどちらかひとつずつ順番に、できれば間隔をあけて起こって欲しい。

しかし、愚痴を言っても始まらない。そう思い、なんとか気を取り直して、対処してきた。良いことがあっても、次に襲ってくる苦難に備えようと、自分を抑える癖をつけたいとも思った。けれども、あるとき妻に言われた。「嬉しいことがあったときは、ただ喜んで、笑っていたらいいじゃないの。もし、何かピンチに襲われても、喜んだ日を思い出し、いつかはまた笑えると思ったらどう？　じゃないと、身がもたないわよ」と。確かにその通りだ。

仕事が思いのほかうまくいき、天にも昇る気持ちでいるときは、家族や会社のみんなと素直に喜ぼう。それでいいじゃないか。たとえ、すぐに困難に見舞われるとしても、喜びの記憶が、成功した自信が、つらさに立ち向かう力となる。

そんな気がしてきた。

実際、今までもそうだった。振り返ってみると、それがよくわかる。

ソメスサドルの前身のオリエントレザーは、炭鉱経営が絶望的になったことが発端となって生まれた。「この状況から抜け出して、幸福になろう」という共通の願いを結集したからこそできた会社だ。

もちろん、商売だから利益を上げることが一番の目的となる。しかし、それだけではない、何か志に似た思いがあった。

幸い、運命の神は微笑んでくれた。最初は経営も順調で、ほっと胸をなで下ろす日々を過ごしていた。そこへ起こったニクソン・ショック。あれよあれよという間に業績は下降し、どん底を味わうこととなった。さらに、悪いことは重なるもので、会社を立て直すため懸命に働き続けた父が倒れてしまう。

見舞われた不運に腐ることなく、父も兄も、会社の皆も、なんとかして立ち向かおうとした。周囲の人の助けもあり、軌道に乗りそうだと喜んだ矢先に襲ったオイル・ショック。

未来への希望はどこかへふっとんでしまった。そんなときである。昇が入社を決意したのは……。運命の変転に翻弄される日々が続くと覚悟してのことだった。

それでも、良いことがなかったわけではない。運に恵まれたとしか思えないことも起こった。だから、良いことがあったときは、思いきり喜んでいればいい。その明るさが会社に安定をもたらす。「まあ、なんとかなる」と意図的に思うこと、これが昇の新しいモットーとなった。

リーマン・ショック

洞爺湖サミットをきっかけに、ソメスサドルの知名度がぐんと上がった頃のこと、ちょうどいいタイミングと判断したのだろうか。兄の純一から「そろそろ社長職を引き継ぎたい」という申し出があった。これからのソメスサドルを考えての提案だ。

ところが、またもや困難がたちはだかった。良いことが起こると、次に悪いことが起こる。それはわかっていた。しかし、なぜ今なのだろう。なにも今、そんなことが起こらなくてもいいじゃないかと、言いたくなる。

出鼻をくじこうと待ち構えていたように、それは起こった。自分たちには落ち度はなかったはずだ。引き起こされた厄災は世界的な規模のもので、覚悟しておこうにもできなかった。

リーマン・ショックだ。

二〇〇八年、アメリカの大手投資銀行のリーマン・ブラザーズ・ホールディングスの経営が破綻し、それが引き金となって、世界中が金融危機に見舞われたのだ。リーマン・ブラザーズの負債は、六千百三十億ドル（約六十四兆円）という途方もない額だった。アメリカは一九二九年十月に起こった世界恐慌以来の深刻きわまりない金融危機に陥った。

　これだけ大きな会社が倒産するなどということを誰が予想しただろうか。単にひとつの企業の破綻にとどまることなく、衝撃はあっという間に世界中に広がった。

　当然のことながら、日本にもその影響が伝わってきた。景気の落ち込みは激しく、ソメスサドルもその暗い渦《うず》に巻き込まれていく。

　悪夢のようなリーマン・ショックの翌年、昇は社長に就任することになった。多くの不安を抱えての出発であったが、自分がやらなくて誰がするという思いもあった。

　そして、それをきっかけに、自宅を東京から北海道に移す決心をした。東京での生活が長くなっていた妻も賛成してくれた。学生時代から住み慣れた東京に別れを告げるのは名残惜しい気持ちもあったが、北海道に家族で引っ越すことによって、覚悟を示さなくてはならない。「東京にいる末っ子」から「北海道で暮らす社長」となってこそ、社員と一緒に頑張れる。「頑張ります」などという言葉を並べていては駄目だ。とにかく行動で示さなくては。こうした覚悟の示し方は、経営者としての要《かなめ》となろう。

　兄も引き続き会長として会社の経営に携わる。今までもそうだったように、これからも、兄弟が両輪となって、会社を牽引していかなくてはならない。それがソメスのブランド名をさらに広め、ソメスサドルの発展につながるに違いない。

　幸い、ソメスサドルには若い社員が増えていた。彼らの意見も取り入れながら、今まで試みてこなかった商品にも挑戦してみたい。既製品だけではなく、オーダーにもさらに力を入れていけたらどんなに嬉しいだろう。やってみたいこと、作ってみたいものが、頭の中を駆け巡っていく。

しかし、まずはリーマン・ショックを乗り切らなくてはならない。社長としての大きな仕事は、リーマン・ショックの対策を練ることから始まったと言っていい。

それにしても、景気が悪くなると、これほど物を買わなくなるものなのだろうか。どうなっているのだろうと思うほど、商品が動かない。とくに、男性用の鞄といったら、悪い冗談ではないかと思うほどだ。不況は男性ビジネスマンのお小遣いを減らし、仕事で必要な鞄を買い換える気持ちを萎えさせるのだろう。

銀座に出店

落ち込んだ売上を前に悩む日々が始まった。仕事が減っているのだから、社員をリストラするしかないという意見もあった。しかし、それだけはしたくなかった。今まで一緒にやってきた仲間である。景気が悪いからやめてくれという言葉は、口が裂けても言いたくない。

とはいえ、なんとか他の手立てを講じなくてはならない。まず取り組んだのは、金融関係の見直しだ。堅実な経営をしてきたつもりだが、探せばどこかに無駄があるはずだ。取引銀行との関係も見直してみる必要がある。さらに、社内の物流にも目を向けた結果、それまで北海道と東京の二ヶ所にあった物流基地をひとつにまとめ、本社に集中し、在庫の管理に無駄が出ないようにした。さらに、役員報酬もカットし、社員の給料もある程度は減額せざるをえなかった。リーマン・ショックを乗り切るための苦肉の策だ。皆で痛みを分け合って、この逆境を乗り切るしかない。

会社の悩みを社員にすべて打ち明けてもいいものか迷いはした。不安感を共有したところで、リーマン・ショックを乗り切ることができるかどうかわからない。しかし、グズグズしてはいられない。

それに、未来への展望がお先真っ暗かというと、そうではないとも思った。確かに、男性は経済危機に陥ると、自分の持ち物を買わなくなる。それはいじらしいほどだ。皆、家族を養うために働き、自分のものは二の次三の次となるのだろう。

しかし、だからこそ買うときは、品質の良いものを一生使う覚悟で購入するのではないか。今は財布の紐を締めている男性も、ここを乗り切れば、必ずやまたソメスブランドに立ち戻ってくれるはずだ。リーマン・ショック後の世界を思い描くとき、それは明るい希望となった。

さらには、もし商品が馬具だけとか鞄だけとかというようにいずれかに偏っていたら、経営はさらに厳しいものになっていただろう。現にリーマン・ショック後、日本ではおおよそ一万六千件もの企業が倒産したという。事態は深刻であり、明日は我が身と考えるべきだ。

様々な対策が功を奏したのだろうか。ソメスサドルの赤字は、一期だけにとどまった。どの対策が良かったのか、はっきりとはわからない。次々と繰り出した方法のすべてが、うまくいったのだろうか。いや、それよりも、職人技を誇る社員たちがじっと耐えてくれたおかげだろう。

リーマン・ショックを皆で乗り切ったことは、大きな自信にもつながった。それでも、もう二度とこんな不安を味わうのはごめんである。この先、またリーマン・ショックのような経済危機が訪れないとは限らない。そのときのために、なんらかの対策を講じておく必要がある。大事をとって、事業を縮小すべきか？　それとも、さらに拡大し、積極策をとるか？　どちらが正しいのか、昇は考えに考えた。

そして出した答えは、新しい直営店をオープンさせるというものだった。いわば攻めの商いに身を投じたのだ。ブランド力を高め、売上を増やすことが、リーマン・ショックからの回復に役立ち、今後につながると信じてのことだ。

直営店やインショップを日本中に展開していくと決めるや、その後の行動は素早かった。北海道では、砂川ファクトリー&ショールームを中心に、札幌や新千歳空港で販売が開始された。東京や名古屋にも、販売網を広げた。そのほとんどがリーマン・ショック後に、事業拡大を見据えて出店したものだ。勇気のいる決断ではあったが、製造小売り型の事業体系を構築するためには、どうしても必要なことだった。

砂川の工場でものづくりをし、出来上がった製品をショールームと青山店で販売する。従来から維持してきたこの体制に、さらに多くのショップが加わったことは、ソメスサドルの力をさらに安定させた。今までも太いパイプが北海道と支店をつないでいたが、店舗が増えたことによって、日本のあちらこちらでソメスの製品を実際に見たり触ったりする場が増えていく。それはソメス・ブランドが日本中に毛細血管のように張りめぐらされることにつながっていった。

とりわけ、二〇一七年の四月、銀座に開業した複合商業ビル「GINZA SIX」に五店目となる直営店をオープンしたときの嬉しさはなかった。二〇〇六年に青山に最初の直営店をオープンしたときから、首都圏にもうひとつ、青山に並ぶ店を開店したいという思いがあったからだ。それに、銀座はかつてコースターと灰皿を抱えて歩いた憧れの町でもある。

もちろん、銀座は世界の有名ブランドがひしめきあう特別な場所だ。競争は激しく、生き残りをかけてそれぞれの店舗がしのぎを削っているとわかっていた。しかし、だからこそ銀座で勝負してみたかった。一九七七年に初めてエルメスを訪れてから、もう四十年近い月日が過ぎている。特別な存在であるエルメスに少しでも近づくためにも、それはどうしても必要な出店であった。

ソメスサドルがGINZA SIXのテナントに選ばれた理由が「日本の皮革メーカーの代表だから」と聞いたときは、今まで頑張ってきてよかったと感無量になった。もちろんその一方で、「これは責任重大だ」と思ったのも確かだ。

だから、開店当初の売上が予想を上回ったと知ったときは、本当にほっとした。

肩の荷がおりる思いを昇は体で感じていた。

令和の時代を迎えて

二〇一九年（令和元年）は、ソメスサドルにとって、さらに新しい一歩を踏み出す年となった。

大阪の大丸心斎橋《しんさいばし》店に出店したのだ。商人の町として有名な大阪への出店、それも、歴史ある大丸百貨店に直営店をオープンさせるのだ。大丸の歴史は古く、一七一七年に京都伏見《ふしみ》に「大文字屋」として創業したのをその源とする。

長い歴史を持つ大丸心斎橋店への出店を前に、昇は数日前から関西に入り、スタッフと開店準備を行った。オープンの一日前には、内覧会も開いた。関西ではまだお得意さんをがっちりつかんでいるわけでもないし、「どのくらいお客様が来てくださるのだろう」と心配だったが、それは杞憂に終わった。大盛況だったからだ。

大丸での開店を知らせるために出したDMは、もちろんお客様にあてたものだ。しかし、ある意味では、北海道の砂川から商いの町である大阪の心斎橋へ、自分で自分を招く切符のようなもののように思えた。その切符を無駄にしてはならない。昇はそう願っていた。思いのほか、競馬関係のお客様が多いことにも驚いた。ソメスサドルはピンチのときもうまくいっているときも、いつも競馬や乗馬のお客様に助けられてきた。それも、馬具製作会社としての背景があればこそだろう。

令和の時代を迎えるにあたって、ソメスサドルにもうひとつ大きな出来事があった。

宮内庁から、今上天皇がご即位にあたって必要となる馬車の馬車具を作るようにという依頼を受けたのだ。これまでも、宮中で使用する馬車のために馬車具を製作してきた。日本で馬車具を作る技術を維持しているのは我が社をおいて他にはないという自負もあった。

しかし、今回は大仕事である。皇位継承にかかわる仕事であり、令和の時代を迎えるにあたって、歴史的な瞬間に立ち合うことになる。

依頼されたのは、馬車を曳く馬二頭の手綱や鞍など馬具一式だった。最高級の革を使って菊のご紋章が輝く馬車具を製作することになる。早速、イギリスの老舗業者に最高級の牛革を注文した。到着を待って、宮内庁から届いた図面に従って革を裁断し、頑丈に手縫いを施し、最高の製品を作り上げることになる。馬車具を製作する技術を持った職人がいるからこそ、引き受けることができた仕事だ。

ソメスサドルは、上皇陛下のご即位のときも、馬車具の製作に携わっている。つまり、天皇家が用いる馬車具を二代にわたって製作したことになる。それも、東京から千二百キロも離れた北海道の砂川にある工場で……。

一九八九年に上皇陛下のご即位にあたって馬車具を製作したとき、腕をふるった職人たちの多くは既に引退していた。しかし、三十年前、馬車具製作に参加した一人の若者が、今や責任者となって働いているので、何も心配することなく、宮内庁からの依頼を引き受けることができた。彼は前回の製作時には、まだ若いからという理由で、記念撮影に加わるにとどまった。しかし、馬車具の製作手順はしっかりと頭に刻み込んであった。

時は流れ、今回は彼がリーダーとして皆を率い、天皇家のための馬車具を製作する役を担う。今回はまだ若い職人も馬車具を製作するチームに加わり、一丸となって仕事に打ち込むことになる。

ここに、新しい職人の世界を感じるのは私だけではないだろう。日本は優れた技術を誇る国である。しかし、その一方で長い歴史や伝統を背景にしている。だからこそ、たとえ次にいつ菊のご紋章がついた馬車具の注文が来るのかわからなくても、技術を継承していこうとするのだろう。

たとえ今すぐは必要とされなくても、いざというとき、即座に納品できる実力をいつも維持しておかなくてはならない。たとえ次の注文がいつ来るのかわからなくても、常にスタンバイしておく。無駄に思えるかもしれないが、こうしたしぶとさが、ものづくりの世界には必要だ。誰も気づいていなくても、静かに燃え続けている熾火《おきび》のように、職人たちはその魂を静かに燃やしながら、毎日を過ごし、いつか来る日に備えているのだ。

七ヶ月をかけて、馬車具が完成した。光り輝くような見事な出来映えだ。丹念なステッチを目の当たりにすると、道具としての機能を保ちながら、独特の美しさが輝いているのに驚く。単なる商品ではなく、美術品に匹敵する凄みがある。分厚い革の表面は金色の菊のご紋章に負けないくらい神々しく光り、手縫いのステッチが数列のようにきっちりと並んでいる。必要なものが必要な場所に寸分狂いなくある様に触れると、機能美とはこういうことを指すのだろうと感じられてならない。

令和の馬車を曳く日

出来上がった馬車具がお披露目を迎えたのは、二〇一九年の十一月二十二日と二十三日であった。その日は、昇を始めソメスサドルの関係者にとって、感無量の一日となった。砂川の工場で製作された馬車具が、伊勢神宮で執り行われる親謁《しんえつ》の儀で、馬車を曳《ひ》く役目を果たすことになっていたからだ。

昇も皆と一緒に、テレビに熱い視線を注いだ。

令和の御代《みよ》を受け継いだ天皇・皇后両陛下は、親謁の儀にのぞむため、前日に伊勢神宮に向かわれた。

親謁の儀とは、「即位の礼」と「大嘗祭《だいじょうさい》」という二つの重要な儀礼を無事に終えたことを報告するために行われるもので、まさに一世一代の重要行事である。

親謁の儀にのぞむにあたり、天皇陛下は神宮の境内を馬車で移動される。そのとき用いられる馬車は、皇室の重要儀式に使われる「儀装馬車2号2番」と呼ばれるもので、一九五九年（昭和三十四年）に現在の上皇陛下のご成婚パレードでも使用されたことのある由緒あるものだ。『天皇陛下と皇族方と乗り物と』（講談社ビーシー、二〇一九年）によると、この馬車は一九二八年（昭和三年）、宮内省主馬寮《しゅめりょう》（現在の車馬課）の工場で製造されたものだという。馬車の車体は漆で塗られ、海老茶色蠟色《ろいろ》といって漆塗りの磨きだしになっている。

宮中には他にもいくつかの馬車があるが、「儀装馬車2号2番」は、とくに重要な役目を担うときに使われるものである。普段は大切に保管されており、皇居の外を走るのは、上皇陛下が伊勢神宮に参拝して以来のこととなる。二十九年ぶりのお役目となるが、長い間大切に手入れし続けていたからこそ、今日の日を迎えることができるのだ。すべては延々と続けられた小さな努力の積み重ねのおかげだろう。古い物をなおしながら大切に受け継いでいく精神は、この「儀装馬車2号2番」を維持してきたことでも明らかだ。

ところで、馬車はたとえ古くてもメンテナンスさえすれば、次の世代に継承していくことができる。しかし、馬車具はそうはいかない。新しく作り直す必要がある。たとえどんなに大切に保管しようとも、歳月により、道具は劣化していく運命にあるからだ。それに抗う術《すべ》はない。天皇陛下が大事な儀式で使う馬車である。馬車具が切れたり外れたりすることは、あってはならないことであり、新調する必要が生じる。

今上天皇のご即位にあたり、改めて新しい馬車具が作られたのは、安全性の観点からいっても当然である。しかし、馬車具を新調するのは、それだけが理由ではないと私は思う。新しい道具を加えることによって、次の時代に向かう力とする面もあるのではないかと考えるからだ。伝統とは、新しい何かを取り入れながら、次の時代に受け継がれていくものだろう。

オリンピック開催をはばんだもの

平成から令和へ、時は移っていった。

新しい時代を迎えるために使われた馬車を曳くお手伝いをした喜びは、二〇二〇年（令和二年）に開催される予定の東京オリンピックへの期待に直結していった。

ソメスサドルの前身となるオリエントレザーが設立されたのは、一九六四年の東京オリンピックの年だ。そのとき、オリエントレザーがソメスサドルという会社として生まれ変わるなどとは誰も考えていなかった。二度も東京でオリンピックが開催されることも、誰も予想できなかったことだろう。

しかし、それは本当に起こった。

二度目の東京オリンピックが現実のものとなったのだ。

昇の胸はあたたかな思いで満たされていた。頑張っていれば、良いことが起こると信じたかった。できることなら、馬場馬術の競技を観に行き、ソメスサドルの鞍がどのように使われているのか見てみたい。たとえそれがかなわなくても、テレビで観戦し、ソメスサドルの鞍上で活躍する選手に声援を送ろう。そんなことを思ったりもした。

相変わらず、日常の業務に追われる日々が続いてはいたものの、オリンピックへの期待が疲れを吹き飛ばしてくれていた。

ところが……。

いつものように、良いことの次には、悪いことが起こる。

二〇一九年の暮れ、中国で発生したと言われる新型肺炎が、あっという間に世界中に広がり、パンデミックを引き起こしたのである。国立感染症研究所の発表によると、後にＣＯＶＩＤ－19、日本では新型コロナウイルス感染症と呼ばれるようになった感染症は、二〇一九年の十二月に中国湖北省武漢市で確認された。そして、翌年の二〇二〇年一月三十日には、世界保健機関（ＷＨＯ）が「国際的に懸念される公衆衛生上の緊急事態（ＰＨＥＩＣ）」を宣言し、三月十一日にはパンデミック（世界的な大流行）の状態にあることを明らかにした。

その後も、新型コロナウイルスは、猛威をふるい続けた。ワクチンの接種が始まり、少しは明るい兆しが見え始めたものの、東京オリンピックを果たして行うべきなのかという懸念につながり、開催が危ぶまれるようになった。スペイン風邪以来と言われる大規模な災いは、私たちの体だけではなく、心をも蝕んでいった。

感染拡大を防ぐため、マスクが義務づけられ、外出も制限された。多くの店舗が営業時間の短縮を強いられ、なかには休業に追い込まれたり、閉店せざるをえなかったところも多かった。いったい、私たちはどこへ向かうのだろう。これからどうなるのだろう。そんな思いが重くのしかかってくる。

不安感が人々を支配し始めていた。

ソメスサドルにとっても、コロナ禍は今まで味わってきた危機を上回るものとなった。百貨店が休館となり、営業できない時期が続いた。インターネットでの販売が順調であることが支えとなったが、ソメスサドルにとって大切な行事であるファクトリー・フェアを中止せざるをえなかったのが、何よりつらい出来事となった。

当然のことながら、影響は売上に及び、従来の半分近くになった時期もある。初めて遭遇する事態だけに、いったいどう対処すべきかと悩む日々が続いた。それも、いつ終わるかわからない暗闇である。

しかし、しかしである。

今までも、困難に陥ると、誰かが手をさしのべてくれた。こちらから願い出たわけでもないのに、どこかから救いの手がのびてくる。不思議としか言いようがない。

今回は、競馬の世界からその手がさしのべられた。いくつかの廏舎から、調教用の鞍の注文が相次いで寄せられるようになったのだ。長い年月をかけて関係を築いてきたのが良かったのだろうか。

コロナ禍にあっても、競馬界はピンチに陥ることなく、好調な売上を続けていた。感染防止対策を徹底させ、無観客でのレースを実施する措置をとった結果、競馬人気は安定しており、売上も減少しなかった。コロナ禍に見舞われる前から、馬券をインターネットで買うファンが定着していたのが大きな要因だろう。競馬のレースも調教も今まで通り行われており、当然、馬具も必要となる。新しくできた廏舎からも注文が相次いだ。

革製品ならなんでも製作しようとする姿勢が、製品の裾野を広げ、危機管理能力というべき会社力につながっていたのだろうか。もちろん、コロナ禍を意識していたわけではなかった。しかし、打たれ強い会社にしようと念じてきたことは、無駄ではなかったようだ。

かねてより、ソメスサドルでは乗馬用の鞍も競馬用の鞍も同じ工場で作り、販売する方式をとっていた。ソメスサドルを訪れたミルコ・デムーロ騎手が、「ヨーロッパでは考えられないことです」と驚いたが、そのとき、昇は驚くデムーロ騎手に驚いた。ずっとそうしてきたので、不思議だとは思っていなかったのだ。

乗馬と競馬を両立させて考えることも、ソメスサドルを救う手段となっていた。さらに、男性用の鞄の売上が伸び悩んでも、小物や女性用のハンドバッグが順調に売れるときもあった。同様に、コロナ禍によって店舗の販売が落ち込み、鞄が思うように売れなくなっても、競馬鞍や馬具の注文が寄せられ、損失を補塡してくれた。

この調子で当面の難局を乗り越えよう。いや、乗り越えなければいけない。

結局、東京オリンピックは一年延期されたものの無事に開催され、日本は二十七個の金メダルを獲得した。メダルを手に周囲への感謝を述べる選手たちを見ながら、「オリンピックが中止になったら、どうなるのだろう」と思った日々は、過去のものとなった。

もっとも、今もなお世界中の人々が不安なままに生きているのに変わりはない。コロナ禍がいつになったら終息するのかもはっきりしない。会社のことも、まだまだ心配だ。経営の仕方に見直すべきところがないか考える毎日が続く。

しかし、たとえこれから何が起ころうとも、昇は未来を信じようと思う。

コロナ禍は遭遇したくない厄災であった。しかし、今まで、ふりかかる火の粉《こ》に立ち向かいながら生きてきた。これからもそうするしかない。

この頃、昇の胸に灯火がともるような出来事があった。

それは「Number」というスポーツグラフィックマガジンに掲載された、武豊《たけゆたか》騎手の言葉だった。

「武豊の４０００勝騎乗論」というインタビューで彼は次のように語っている。

「デビュー5、6年目の頃だったかな。ソメスという日本の皮革製品のメーカーさんと、何回も何回も打ち合わせを繰り返して、納得のいく鞍を作り上げてもらいました。サイズや重さはいろいろありますが、今ソメスで一般的に売られているものは、言ってみれば武豊モデルです。なにも不満がないので、そこから27~28年変わってないです。変える必要がないんですよね」

（「Number」二〇二一年六月三日　1027号）

この記事を読んだとき、昇は本当に嬉しかった。

コロナ禍によって心重い毎日を送っていたが、急に日が射してきたようだった。早速、工場へ行き、皆に見せると、「お〜〜!!」「本当!?」と、喜びの声があがった。

あの武豊が「変える必要がない」とまで言う鞍を自分たちは作ってきたのだ。かつて嫌になるほど続けた「やり直し」作業は、無駄ではなかったことになる。頑張っても頑張っても、「まだまだ」と言われ、それでも相手があきれるまでやり直しを続けたかつての日々。だからこそ、「武豊モデル」というべき製品を作ることができたのだろう。

五人の精鋭たち

武豊に「変える必要がない」と言われるまでになった鞍は、どういう人の手によって作られているのだろう。いや、鞍だけではない。多くの人の信頼を集める鞄や小物など、革を使って作る製品が、誰によって作られているのか？　それを知るためには、北海道に行き、製作の現場に身を置いてみるしかない。

ソメスサドルの工場を見学していると、ややうつむいた姿勢ですべきことをしている職人の背中に見とれてしまう。彼らは手元を見つめ、集中して仕事をしているため、私がぶしつけにじろじろ眺めても、気づかない。いや、実は気づいてはいても、気づかないふりをしてくれているのかもしれない。

明るい日射しに満たされた工場で、彼らはまっすぐに姿勢を正して立ち、あまり動かず、静かに仕事を続けている。しかしよく観察すると、動いていないのは体だけだということに気づく。手は激しく動き続け、指先に至っては、ヒラヒラと舞うようだ。

真似したくてもできない、静けさと激しさを秘めた彼らの後ろ姿。それは私に「マイスター」という言葉を思い出させる。

マイスターとは、ドイツ語圏の国々で行われている高等職業能力資格取得者のことだ。製品名にその名を冠した商品もある。ドイツでマイスターの称号を得るためには、段階を踏んで勉強をしなければならない。経験を積み、いくつかの試験に合格した末に、ようやく称号を得ることができる。

ソメスサドルにもマイスターと呼ぶべき卓越した技術を持つ職人がいる。彼らは熟練の技を身につけているだけではなく、他の人が追従できないセンスの持ち主でもある。ところが、彼らは自らをマイスターと呼ばない。呼んで欲しいとも思ってはいないという。そういうことには、あまり関心がないのだろう。

ここでは、二〇二二年八月現在、ソメスサドルが誇る五人の現役職人を紹介したい。いずれも革を知り尽くし、しっかりとした製品を毎日作り続ける精鋭たちだ。

順番をつけることができないので、お話をうかがった順に記していく。

オールマイティな努力家　髙橋裕次《たかはしゆうじ》

髙橋裕次は、元々は他の会社で働いていた人物である。若い頃から鞄の製作にその身を捧げてきた。

彼のテクニックは極めて高く、そして、幅が広い。革に携わって二十五年、入社して二十年のベテランである。真面目に革と向き合ってきた経験は、彼に多様性をもたらした。自分でも気づかないうちに、幅広い製品にその技を生かすことができる能力を培った。いわゆる引き出しが多いタイプの職人と言ったらよいのだろうか。頼めばなんでもやってのける男として、周囲の信頼もあつい。

現在、彼は生産部の部長として、工場全体に気を配っている。かつて修理を担当する部署に属していたときの経験もあり、ジャンルを問うことなく、ほとんどの製品にかかわることができる。ところで、修理をしていたこともあると聞き、私は地味で初歩的な仕事に従事していたと勘違いしてしまった。しかし、実は、修理とは大変難しい作業なのだそうだ。まずはソメスサドルで取り扱っているすべての製品を知っている必要がある。それも、隅から隅まで細かな部分を熟知していなければならない。経験と知識、いずれもが秀でていなければ、仕事を全うすることはできない。

おまけに、修理は急いで仕上げなければならない場合が多い。ユーザーは一日も待ってはいられないという思いで、大事な鞄を修理に出す。ボロボロになった鞄が日本全国から送られてきて、なるべく早く修理して欲しいと依頼される。なかには、「使いこまれた」を通りこし、これをどうやって直せというのかと思うほど傷んだものもある。ここまで使う前に送ってもらいたかったと思わないでもない。

それでも髙橋はあきらめない。なんとかして修理してみせると意気込んで向き合う。

修理するにあたっては、一旦製品を解体し、傷んだ部分を新しい革に変え、もう一度、組み立て直すことが多い。ある意味では、製作するときよりも手がかかる。当然、高い技術が必要となる。

髙橋は生来器用なこともあり、どんな難しい修理を依頼されようとも、それをやり遂げてしまう才能の持ち主だ。さらには髙橋の持つ明るさは、物事を後ろ向きに考えず、なんとかしようとする力につながっていく。「なんとかなるさ」という思いが、本当に不可能を可能にしてしまう。

職人として技術的に秀でているだけではなく、彼にはもうひとつ、秀でた面がある。弁が立ち、頭の回転が速い。そのため、営業サイドに職人からの要望を伝える際、的確に物を言うことができる。職人というと寡黙でとっつきにくい面があると誤解されがちだが、腕に覚えのある職人だからこそ、製品のことになると弁舌さわやかに語ることができるのだろう。

革のことを知らない相手にも、彼は丁寧にわかりやすく説明することができる。その意味で広報活動にも従事できる才能の持ち主なのだ。

指が何もかも覚えている　小《お》野寺《のでら》亨《とおる》

小野寺亨は、現在、生産技術室の室長として、部下を束ねている。彼の持つ匠《たくみ》の技はソメスサドルの誇りだ。地元・歌志内の出身であり、高校時代にはスキー選手として活躍したという。素人である私の質問にも丁寧に答えてくださる姿勢には頭がさがった。同時に、申し訳ないとも感じた。押しかけるようにやって来た私は、仕事の邪魔でしかないはずだ。

しかしそれでも、わからないことがあると、実際に機械を動かして説明してくれる。たとえば、革をプレスし不必要な部分を取り去って厚さを半分にする工程がある。強度を高めるためだという。それを教えるため、彼は実際に機械を動かし、目に見える形で示してくれた。おかげで、素人の私にも理解できた。

そうした態度は、指導者としても適任だろう。実際に若い部下たちに、ひとつひとつの作業に意味があることを丁寧に説明しながら、体を動かしながら教えていく。

口調は優しいが、革に向かうときの眼光は鋭く、狼のような精悍さを見せる。

彼が革のスペシャリストであることは言うまでもない。豊かな経験を積んだこともさることながら、生まれつき、革への感覚が鋭いのだろう。彼だけが持つ独特のセンスは、他の者の追随を許さない。革のスペシャリストが集うソメスサドルの職人集団の中にあっても、その研ぎ澄まされた感覚は、皆の認めるところである。

彼は、「指が何もかも覚えているんです」と言う。手触りという言葉があるが、小野寺の場合は「指触り」というべき感覚を持っているのだろう。指先で革を一撫ですれば、その革がどんな状態にあるか、どの製品に使うべきかを瞬時に見分けることができる。指に彼だけが持つ特殊な電流が流れているのではないかと思うほど、それは独特の選別力であり、一種のセンサーに似た何かだ。

　小野寺が革のスペシャリストであるのは言うまでもないが、革に直接触れない仕事も黙々と行うことでも知られている。たとえば、布を裁断して革の型紙とする仕事がある。一見したところは地味な仕事だが、製品の根幹となる重要な過程だ。彼は革に対する指触りの才覚を布にまで応用し、布の裁断業務を行っている。

　普段は砂川のファクトリーで、鞄を作っている小野寺だが、彼の作り出した製品は、砂川を出て、日本全国に向かう。とくに最近は、鞄だけではなく、新しい分野へも挑戦している。

　何ごとにつけ、今まで経験がない仕事というのは、プレッシャーも大きく、困難さも大きいものだ。しかし、彼は試行錯誤をくり返し、製作に没頭している。うまくいかないときも「革が教えてくれる」と信じているのでこわいものなしに見える。

　革は湿度や温度によって、伸び縮みする。その割合は、一メートルにつき五ミリにも及ぶ。当然、革を張りすぎてもいけないし、ゆるみがありすぎても駄目だ。シワがよったり、よれたりする。湿度によって変化するため、ある程度の遊びをもたせておかないと問題が生じるのはよく知られているところだ。

　まさに、「言うは易し行うは難し」というべき仕事となる。

　しかし、突出した指触りの感覚を持つ小野寺にとって、それは充分に実現可能な作業である。

感性鋭い左利き　乾浩二《いぬいこうじ》

乾浩二は、ソメスの職人の中でも感性の鋭い人物として知られている。目に見えないものを形にしてしまう力の持ち主だ。たとえば、製作予定の図面が送られてきたとしよう。すると、彼はその内容を即座に読みとり、自分なりに解釈して、形にすることができる。読み取る力が高いのだ。

時には、与えられた図面があまりにもデザイン重視に偏っていて、製作するのが困難に思われることがある。取りかかるのを躊躇するような難しい仕事だ。現場としては「こんなもの作れないよ」と、放り出したくなるような図面もないわけではない。いわゆる机上の空論的と呼ぶしかないようなデザインだ。

これまでも、乾のところには、「これ、なんとかなりませんかね」と、現場を悩ませる図面が持ち込まれてきた。普通の人なら、「こんなの、無理だよ。作れない」と投げ出してしまうような場合でも、乾はジロリとそれを眺めるや、とにかく頭の中で形にする。そして、果たして製作が可能か不可能かを考えつつも、とりあえず図面から具体的な像を浮かび上がらせることができる。これは特殊な才能だとしか言いようがない。

乾の才能はそれだけにはとどまらない。図面などなくても、ゼロからものを作り上げる力も持つ。どうやったらそんな才覚を身につけることができるのかと同僚たちも驚くほどだ。

元々、乾は乾ワールドと呼ぶべき独特な製品を作ることができることで知られていた。その力はいったいどこから来るのだろうか。探ってみたいところだが、彼は寡黙であり、自分から積極的に話したりしない。しかし、その孤高の姿は、ものづくりを目指す若者に憧れの気持ちを抱かせる。「いつかは自分も乾さんのように」、そう願う社員は多いのが、その証拠だ。

その才能と関係があるのかないのかよくわからないが、彼は左利きである。文字は右手で書くように矯正したが、日常生活は左利きであり、仕事も左手で行う。たとえ「右手で作りなさい」と言っても、それは無駄なことだろう。凜として左手を使う、それが彼の姿だからだ。

最近は、とくにアートオブジェの製作にも力を注いでいる。

二〇二二年の十月、ソメスサドルは旭川にある家具メーカーと共同し、新しいブランドを立ち上げた。その名も「COSONCO QS（コソンコクス）」。アイヌ語で「遠く離れた土地とのコミュニケーション」を意味する。

二つの会社が協力し合い、製造過程で生じる端材《はざい》を使い、玩具でも置物でもない、アート・オブジェと呼ぶべき製品を作り出した。端材といっても、品質は上質であり、破棄するにはあまりに惜しい。そこで、デザイナーとアートディレクターと共に、今までなかった製品を作り出そうという試みである。

技術もセンスも必要とされるこうした仕事を実現するには、乾の力が必要である。彼はその期待に応えるために、木材と革のマリアージュというべき作品づくりに情熱を燃やす。彼が製作した木と革でできたロッキングチェアを見ていると、ステッチのひとつひとつから独特のメロディが流れてくるかのようだ。

振り返ってみれば、ソメスサドルがオリエントレザーだった頃、革の切れ端で作ったコースターや灰皿が、オリジナル商品としてヒットし、会社の窮地を救ったことがある。その意味で、

「COSONCO QS」の製品は、ソメスサドルが初心に戻るものでもあるのだろう。

ハードな革の専門家　鵜沼栄司《うぬまえいじ》

鵜沼栄司は馬具製作の専門家だ。ハードな革を扱うにあたって、彼の右に出るものはいない。既に述べたように、今上天皇ご即位のときに使われた馬車の馬車具は、ソメスサドルが指名を受け、作り上げたものだ。その際、鵜沼はリーダーとして力をふるったが、部下の力を借りることも忘れなかった。手柄を独り占めにするところがないのだ。

そんな鵜沼を慕う三人の若い職人と共に、ご即位のための馬車具は作られた。馬車具製作に取りかかったとき、時間的にあまり余裕がなかった。宮内庁から指示された図面に従い、最高級の革を扱って行う仕事である。やり直しがきかない仕事だけに、かなりの緊張を強いられる。

しかし、鵜沼はプレッシャーに屈することもなく、淡々と製作に取りかかった。名誉な仕事だからととくに興奮する様子も見せなかった。失敗は許されないと緊張しているようでもなかった。ただ淡々とするべきことを手順通りに行っていた。いつも通りの作業をくり返していれば、無事に完成すると知っていたのだろう。

鵜沼は部下を信頼しており、自分の持つ技術を惜しげもなく伝えていく。その態度には打たれるものがある。自分の仕事に自信を持っているため、部下に対して狭量な気持ちを持つことがないのだろう。

前にも述べたが、鵜沼は若い頃、馬車具のチームにいたことがある。三十年以上前、上皇陛下のための馬車具を製作したとき、彼はメンバーの一人だった。そのとき、鵜沼はまだ若く、製作に加わることはできず、記念撮影にだけその姿を残した。時代が違うといえばそれまでだ。しかし、やはり製作に参加したいという思いはあったのだろう。自分がリーダーになったときは、迷うことなく、まだ若い部下と共に製作する道を選んだ。

鵜沼の父は、ばんえい競馬の馬具職人であった。彼には父から受け継いだ馬具職人としてのＤＮＡが受け継がれているようだ。厚い革での製作では、彼にかなうものはいないというが、考えてみると、ばんえいの馬具も革はかなり厚いものを使う。

「気がついたときは、もう馬具づくりの手伝いをしていました」

鵜沼はそう語る。子どもの頃から、馬具はすぐ近くにあった。

父は天皇家の馬車具を作る息子をどんな思いで見つめたのだろう。そこに自分から息子へと受け継がれた職人の血脈を見たのではないだろうか。

鞍づくり、それが自分に与えられた仕事　武田《たけだ》英輝《ひでき》

武田英輝は鞍を専門とする職人である。

ソメスサドルでは革を用いて、実に多種類の製品を作っている。鞄を始めとして、キーホルダーや財布、名刺入れからインテリア、そしてもちろん、馬具まで、まさに革の百貨店というべき製品の多さだ。

いずれの製品もそれぞれの難しさがあるが、なかでも鞍はとりわけ高度な技術が必要とされる。

日本唯一の馬具メーカーであるソメスサドルにとって、鞍はすべての製品の根幹となる。

鞍の製作には四人の精鋭が携わっているが、武田はリーダーとして部下を指導する立場にある。三十年以上のキャリアを誇りながらも、日々精進している。

鞍とひとくくりにしたが、鞍には三種類あることをここで確認したい。まず、競馬の際にジョッキーがまたがるレース鞍、馬を調教するときに使う調教鞍、そして、乗馬のための乗馬鞍の三つだ。それぞれに特徴があり、製作にあたっては技術の粋が求められるが、なかでも難しいのが乗馬鞍である。使う革の量も多く、三十ものパーツを縫い合わせて作り上げるものだ。乗馬鞍を最初から最後まで作り上げるためには、技術と根気、そして、経験が必要となる。

武田は高校のときの恩師の紹介でソメスサドルに入社した。それまでは、革に親しんだこともなく、ましてや製作の現場も縁のない世界であった。

入社するや、先輩から馬具製作に必要な技術を叩き込まれた。彼は教わったことを丹念にくり返しながら、独自の成長を遂げていった。自宅に道具を持って帰り、ステッチの練習をしたこともある。誰かに強制されたわけではない。完全に技術を習得したいという気持ちが強かったのだ。

武田は自分なりに工夫をこらし、研究を続けた。とりわけ、馬具をばらして内部を探ったことが役に立った。どんな教科書を読むより、とりあえず分解して全体像を把握するのが、一番良い方法だ。とりわけ、ヨーロッパ製の馬具を分解すると、驚くほどの英知が詰まっていることも知った。

今やベテランとなった武田だが、仕事に関しては完璧主義者であることに変わりはない。手縫いをしているとき、ほんの少し糸がたるんでいると感じたとしよう。他の誰も気づかないくらい、微々たるたるみだ。そのままでも、充分な出来映えのはずだ。しかし、武田は「駄目だ」と首を振り、ほどいて最初からやり直す。たとえ誰も気づいていなくても、自分が気づいてしまったら、そのままにしておくことができないのだ。

優しい笑顔を見せる武田だが、仕事に関しては、頑固一徹といえるだろう。

五人の職人をリーダーに据え、チームを組んで、今日も鞍や鞄が製作されている。彼らはチームで協力しあって、仕事をしている。かといって、仲間にもたれかかることはない。わからない部分は先輩の教えを仰ぐが、自分が作る製品には自分で責任を持つ。個の力と協力体制、この両方があってこそ、ソメスサドルの製品として出荷できる品質を保つことができる。五人の存在は大きいが、ソメスサドルそのものがマイスターのかたまりと呼ぶべき集団になっているといえるだろう。

おわりに

凱旋門賞での快挙

東京オリンピックの二ヶ月後、驚きのニュースが飛び込んできた。それはソメスサドルが世界にその名を轟かせる朗報となった。

凱旋門賞レースで勝利をおさめたルネ・ピーヒュレク騎手が使っていたのが、ソメスサドルで製作された鞍だったことが明らかになったのだ。

それを知ったとき、「こんなことが起こるなんて」と驚く一方で、「充分にありうる話だ。むしろ遅すぎる」と思う自分がいた。驚きと納得、二つの相反する感情が、私の中を駆け抜けていった。

日本を遠く離れたフランスはパリで、それは起きた。

二〇二一年十月三日、ロンシャン競馬場で、世界屈指の競馬レース、凱旋門賞が開催された。

選び抜かれたサラブレッドが、優勝の栄冠を手にするため世界中から集まり、深い芝をものともせずに疾走する姿は圧巻である。

賞金も五百万ユーロ、つまり日本円にしておよそ七億円と、ヨーロッパではナンバー一の高額賞金を誇る。しかし、世界中の競馬関係者がこぞってこのレースに参加しようとするのは、賞金だけが目的ではない。凱旋門賞で勝利をおさめることは、競馬に携わる人々の夢であり、生涯にわたって追い求める目標となっている。

凱旋門賞がとりわけ大きな意味を持つのは、それが未来に向けて羽ばたく名馬を選ぶレースだからだ。さらに強く、より速い馬を生み出す可能性を探るための戦い、それが凱旋門賞だ。

名馬とは、優秀な牝馬と牡馬を掛け合わせた末に生み出されるものだ。その意味で、凱旋門賞は名馬誕生の最初のステップとなる。出走するのは三歳以上の牡馬と牝馬に限られ、繁殖に参加できないセン馬（去勢された牡馬）は出走できない決まりだ。

私は凱旋門賞を馬の世界におけるデビュッタントのように感じている。その優雅なたたずまいは、サラブレッドたちのロイヤルなお見合いを連想させる。もちろん、馬たちがそう意識しているはずはない。しかし、凱旋門賞に勝つことによって、結果的に、馬たちは自らの勝利の血脈を未来の子孫に受け渡していく。

当然、開催地であるフランスはもちろんのこと、アラブ諸国、アメリカやイギリス、ドイツなど、世界中の国々から、磨き抜かれた馬たちが集まってくる。

日本も凱旋門賞での優勝を目指し、努力を続けている。振り返ってみれば、一九六九年に初めての参戦を果たして以来、何度も挑戦をくり返し、これまで三十三頭の馬を出走させてきた。残念ながら、いまだ優勝の栄冠を手にしてはいないが、いつかはきっと、来年こそは必ずと、夢を追い続ける日々が続く。

最初のうちは、日本は参加するだけでも意義があると考えられていた。しかし、現在では夢に近づきつつある。一九九九年にはエルコンドルパサーが二着、二〇〇六年には日本が誇る名馬ディープインパクトが三着（後に失格）、そして、二〇一二年と二〇一三年にはオルフェーヴルが二着になるなど、あと一歩のところまで迫っている。

二〇二一年も二頭の日本馬がフランスに渡った。毎年くり返される胸躍るひとときを皆、楽しみにしていた。

ただし、二〇二一年の凱旋門賞は、例年とは大きく異なる事態に見舞われていた。コロナ禍の影響で、凱旋門賞の開催自体が危ぶまれていたからだ。たとえ開催されたとしても、観客が入場できるのかどうかさえわからない。

本来なら、二〇二一年の凱旋門賞はひときわ華やかなものとなるはずだった。記念すべき百回目の開催にあたり、まさに節目の年だったからだ。よりによってそんなときにコロナ禍に見舞われるとは、悔しい限りだ。一九二〇年に第一回目の凱旋門賞が行われてから、レースは連綿と続いており、中止になったのは、一九三九年と一九四〇年の二回、第二次世界大戦の影響を受けたときだけだ。

もちろん、新型コロナ肺炎は、人類が遭遇した未曾有の危機である。たとえどんなに記念すべき開催であっても、中止はやむをえないことにも思えた。

しかし、関係者の努力と主催者の英断、そして、世界中の競馬関係者の願いが通じたのだろう。百回目の凱旋門賞は、例年通り十月の第一日曜日に行われた。コロナ対策のため、観客も関係者もマスクの着用が義務づけられ、消毒も徹底するなど、従来の華やかさとは趣を異にした開催となった。けれども、レースが開催されたその事実に、感動しないではいられない。人間がコロナに立ち向かうとき、「対策をした上で、いつものことをいつものように行う」という姿勢こそが、何よりも大切だと実感させられる出来事ともなった。

その意味で、百回目の凱旋門賞は、百回目にふさわしい人間の叡智を結集させたものとなった。

こうして、ようやく迎えた晴れの日。

勝利を勝ち取ったのは、ドイツのトルカータータッソという馬だった。人気薄ではあったが、堂々の勝ちっぷりだ。元々道悪を得意とする馬であり、前日に降った雨のため、ぬかるんでいた馬場を味方につけたのだ。

トルカータータッソを勝利に導いた騎手はルネ・ピーヒュレク。ドイツで生まれた騎手だ。彼にとっても信じられないほど嬉しい勝利であったろう。勝利を手にした彼は、喜びを爆発させ、馬から降りるや、乗っていた鞍を馬から外し、テレビカメラに向かって掲げてみせた。そこに記されているミナリク（Minarik）の文字を指さしながら、誇らしげに胸を張った。自分を勝利に導いたのは、友人のフィリップ・ミナリク騎手から贈られたこの鞍だとどうしても知らせたかったからだ。

フィリップ・ミナリクは、チェコで生まれ、ドイツ競馬界で活躍する有名ジョッキーだ。通算で千六百五十の勝利をおさめ、四回もドイツのリーディングジョッキーの栄冠に輝いている。彼は日本びいきでも知られており、二〇一四年にジャパンカップのために来日したことを誇りにしている。

ミナリクとピーヒュレクは仲のいい友人同士でもあった。ジャパンカップで初来日したときに、パドックでミナリクの乗る馬を曳いていたのは、当時二十八歳だったルネ・ピーヒュレクその人だった。

常日頃から、ミナリクはピーヒュレクに「日本のソメスサドルの鞍は特別だ。騎手にとって快適なんだ」と話して聞かせていた。ミナリクはソメスサドルの鞍の素晴らしさを体で知っており、実際のレースでも、ソメスサドルの鞍を使い、世界中で活躍を続けていた。

ところが、二〇二〇年、突然の不幸が彼を襲った。落馬事故のため、四ヶ月もの間、昏睡状態に陥ったのだ。一時は命を危ぶまれるほど危険な状態にあったが、昏睡から覚めたあと、懸命のリハビリを経て、見事、蘇った。歩くこともままならなかった彼だが、日常生活を送ることができるようになったのだ。まさに奇跡の復活劇だった。

しかし、騎手生活を続けるのは無理だと判断し、彼は、自らの意思で引退を決意した。ピーヒュレクはそんなミナリクに「ソメスサドルの鞍を譲って欲しい」と頼んだという。彼の鞍でレースに勝ちたい、そう願ったからだ。ミナリクは快諾し、ソメスサドル製の鞍をプレゼントした。

凱旋門賞が行われる少し前のこと、ミナリクはピーヒュレクから「プレゼントされた鞍で凱旋門賞に出るよ」という連絡を受けた。ミナリクは喜んだが、まさか凱旋門賞で勝つことができるとは夢にも思っていなかった。参戦する、ただそれだけで、大変なレースだとよくわかっていたからだ。

しかし、ピーヒュレクはやってのけた。勝利後、彼がテレビカメラに向かって鞍を高く掲げ、感謝を示したとき、ミナリクはそれが夢ではなく、現実に起きたことだと実感した。

一頭の人気薄のドイツ馬が、世界最高峰にのぼりつめる、それだけでも驚くべき快挙だ。まして、その勝利が実現したとき、凱旋門賞優勝ジョッキーと共にあったのが、ソメスサドルで製作された鞍だった。日本馬はいまだ凱旋門賞を制することができずにいるが、日本製の馬具は既に世界にその力を知られるものとなっている。

北海道の砂川からフランスのロンシャン競馬場まで、九千キロ近い距離を旅した鞍は、作り手さえ気づかないうちに、世界を制していたのである。

次なる目標を追い求め、ソメスサドルの冒険は続く。その行き先がどこなのか、それはまだ誰にもわからない。しかし、北海道の砂川で懸命に続けられる手仕事が、メイド・イン・ジャパンの誇りを支え、次の世代に受け継がれていくと信じたい。

ものづくりの精神は永遠に

ソメスサドルは、二〇二四年に創業して六十年を迎える。老舗というには新しく、新進気鋭というには長い経験を重ねた会社だ。これまで数々の危機に打ちのめされながらも、生き残りをかけて前進してきた。

その姿は、私たち日本人が、ただ必死で生きてきた歳月に重なっていく。

ソメスサドルが製作した馬車具は、期せずして、昭和・平成・令和の三つの時代をつなぐ役割を果たした。さらに技術を磨き、次の世に伝えていくことが目下の課題だ。令和からまだ見ぬ新時代へ、再びの橋渡しをしなければならない。

コロナ後の世界が、コロナ前の世界に戻るかどうかはわからない。そこには、今は想像することもできない新世界が待っているのかもしれない。しかし、たとえ何が起きようとも、私たちは、歴史という長い行列に一員として加わり、共に進んでいくしかない。

この先、さらに難しい時代を迎えることになっても、ものづくりの精神は変わることなく私たちを支える力となるだろう。日本は資源も乏しく、世界経済に占める日本全体のＧＤＰ（国内総生産）の割合も急落している状態にある。もし、これからの日本人が世界に向けて勝負を挑むとしたら、ものづくりで培った忍耐強さこそが鍵となるのではないだろうか。

ソメスサドルの物語は、私たち日本人が通ってきた道そのものであり、そして、これからも続く未来につながる。職人による手仕事は決して派手なものではない。大量生産によって莫大な利益を上げるのも難しい。それでも、職人たちは毎日、同じことを忍耐強くくり返してきた。

たとえ小さな石でもひとつずつ積んでいれば、壮大な壁となり、長く続く物語となる。だからこそ、私はソメスサドルの職人たちが励む仕事から目を離せなくなったのだろう。ひとつひとつのステッチが私たちの心を支えると信じて、まだ見ぬ世界へ次の一歩を踏み出したいと思う。

あとがき

十年近く前、ふとしたことでソメスサドルの存在を知ってから、私はこの会社の職人芸に魅了されてきた。門外漢の私がなぜこんなにもこだわるようになったのか、自分でもよくわからない。ただ、どうしても目を離せなくなり、ご迷惑も顧みず押しかけるように取材を続けてきた。

工場で黙々と仕事を続ける職人たちは、凱旋門賞をフランスで観戦することもなく、ただひたすらに手を動かし続けてきた。彼らは出来上がった製品に自らの銘を彫ったりはしない。もちろん、勝利後のインタビューにも答えない。サミットに参加した各国首脳に配られた鞄にも、作り手が誰かを記すことはせず、気配さえも消している。

まるで無名碑のような存在だ。

けれども、フランスでの世界的な勝利に、長い間にわたって培われた日本の職人芸がかかわっていたという事実は、百回目の凱旋門賞に匹敵する意味があると、私は思う。コツコツと小さな石を積むような努力を続けていれば、いつかはきっと何かが起こることをソメスサドルは示して見せた。

ソメスサドルの物語は、これからの日本人が進むべき未来を照らす光となると、私は信じて疑わない。職人の技こそが、日本人を日本人たらしめると、思うからだ。だからこそ、今、ソメスサドルの物語を伝えたい。

日本の未来は明るいことばかりではない。コロナ禍にあえぐ日々がいつまで続くのかも、はっきりしない。これからいったい何が起こるのか不安な気持ちを抱いたまま、私たちは生きていかねばならない。昨日よりも今日、今日よりも明日が、良い日であると、信じて前進していたのは、もはや過去のものとなりつつある。

しかし、メイド・イン・ジャパンの力を信じて前進すれば、黒いダイヤと呼ばれた石炭に代わるものをきっと見つけることができるに違いない。もし、日本にゴールドラッシュのような時代が来るとするなら、それは身近な、子どもの頃から親しんだ職人の世界から始まるのではないだろうか。


執筆にあたり、ソメスサドルの皆様にお話を聞かせていただいた。できる限り忠実に再現しようと試みたつもりだが、それでも、間違いや思い違いがあるかもしれない。それはひとえに著者の責任である。

最後になるが、暴走するかのようにソメスサドルの名を連呼し、会社に押しかける私をいつも迎え入れてくださった染谷純一相談役と染谷昇会長、そして社員の皆様に、心からの感謝をお伝えしたい。

そして、私の気持ちを理解し、取材にも辛抱強く付き合ってくださった村田利之カメラマンには、ご迷惑をかけ続けたことをお詫びすると共に、有り難うございますと申し上げたい。

さらに、長年にわたり妻のわがままを許し続け、励ましてくれた夫の三浦太郎にも、この場を借りて感謝の気持ちを伝えたい。

この本ができたのは、河出書房新社の太田美穂さんのおかげである。彼女は私の原稿を読み、私の気持ちを理解し、こんな素敵な本に仕上げてくださった。心から感謝している。

皆様、本当に有り難うございました。

二〇二三年五月

三浦暁子

参考文献

・『炭鉱 盛衰の記憶』北海道新聞社編／北海道新聞社／二〇〇三年
・『北炭七十年』天春純一郎、角田俊一監修／北海道炭礦汽船／一九五八年
・『夕張 あの頃の炭都』安藤文雄写真／河出書房新社／二〇〇七年
・『歌志内のむかしばなし』歌志内歴史資料収集・保存会／一九八七年
・『砂川のあゆんだ道』砂川市役所編／北海道砂川市／一九七八年
・『空知を知る 空知地方史文献目録とその手引き』空知地方史研究協議会／二〇〇四年
・『北海道の民具と職人』北の生活文庫企画編集会議編／北海道新聞社／一九九六年
・『北海道の生活文化』北の生活文庫企画編集会議編／北海道新聞社／二〇〇〇年
・『立山 天狗平遭難追悼誌』同志社大学山岳スキー部・ＯＢ会／一九七三年
・『天皇陛下と皇族方と乗り物と』工藤直通／講談社ビーシー／二〇一九年
・『エルメスの道』竹宮恵子／中央公論社／一九九七年
・『ジャパン・ブランドの創造』長沢伸也編／同友館／二〇一四年
・「国産馬具メーカー「ソメスサドル」にみる経験価値創造と技術経営」長沢伸也、須藤雅恵／「早稲田国際経営研究」四〇号／早稲田大学ＷＢＳ研究センター／二〇〇九年
・「事業創造とブランド構築」小川正博／「産研論集」三四号／札幌大学経営学部附属産業経営研究所／二〇〇七年

本書は書き下ろし作品です

三浦暁子（みうら・あきこ）
一九五六年、静岡県生まれ。上智大学文学部卒業。八〇年、三浦朱門・曾野綾子の長男・太郎と結婚。結婚後、執筆活動を開始する。著書として『ラブレターの秘訣』『結婚を考えはじめたとき読む本』『長男の嫁』『梶本隆夫物語』『家族はわかり合えないから面白い』（共著・三浦朱門）等多数。

ソメスサドルの挑戦 炭鉱の町から世界へ

二〇二三年六月二〇日　初版印刷
二〇二三年六月三〇日　初版発行

著者　三浦暁子
発行者　小野寺優
発行所　株式会社河出書房新社
〒一五一-〇〇五一　東京都渋谷区千駄ヶ谷二-三二-二
電話〇三-三四〇四-一二〇一［営業］
〇三-三四〇四-八六一一［編集］
https://www.kawade.co.jp/
組版　KAWADE DTP WORKS
印刷・製本　三松堂株式会社
Printed in Japan　ISBN978-4-309-30028-3